中国区域环境保护丛书
军 事 环 境 保 护 丛 书

军事环境保护管理

“军事环境保护丛书”编委会　编著

中国环境出版集团·北京

图书在版编目（CIP）数据

军事环境保护管理/“军事环境保护丛书”编委会编著.
—北京：中国环境出版集团，2021.10
（军事环境保护丛书）
ISBN 978-7-5111-4032-6

Ⅰ. ①军… Ⅱ. ①军… Ⅲ. ①军事—环境保护—
研究 Ⅳ. ①X321

中国版本图书馆 CIP 数据核字（2019）第 137231 号

出 版 人　武德凯
责任编辑　周　煜
责任校对　任　丽
封面设计　彭　杉

出版发行　中国环境出版集团
（100062　北京市东城区广渠门内大街 16 号）
网　　址：http://www.cesp.com.cn
电子邮箱：bjgl@cesp.com.cn
联系电话：010-67112765（编辑管理部）
010-67175507（第六分社）
发行热线：010-67125803，010-67113405（传真）
印　　刷　北京中科印刷有限公司
经　　销　各地新华书店
版　　次　2021 年 10 月第 1 版
印　　次　2021 年 10 月第 1 次印刷
开　　本　787×960　1/16
印　　张　15
字　　数　222 千字
定　　价　66.00 元

军事环境保护丛书

《军事环境保护管理》

主　　编　查忠勇　谢朝新

副 主 编　吴景峰　冯孝杰

编写人员　程　鹏　肖　楚　谯　华　陈　勇　王大伟
毛华军　廖梓珺　秦　冰　段中山　曾晨浩
仙　光　龙向宇　顾子迪　张云佳　包河彬
张　楠　敖　漉　周宁玉　袁　馨　薛　明
耿志强　张明娟　余荣升　张洪宇　吕　楠
刘婧婷　陈　逸

序言

人类的文明史，就是一部人与自然的关系史。无论是尼罗河畔的古埃及，还是两河流域的古巴比伦；无论是源自恒河的古印度，还是以黄河为摇篮的中华文明，都充分证明了人类文明的兴衰与自然环境密不可分。早在2 000多年前，中国古代先贤老子就提出“人法地，地法天，天法道，道法自然”，孔子曾说过“子钓而不纲，弋不射宿”，庄子也认为“天地与我并生，而万物与我为一”。这些思想闪耀着超越时代的智慧之光，深刻揭示了人类顺应自然、效法自然的生存法则，向世人昭示：只有与自然和谐相处，才能保证世间万物的可持续发展。

进入20世纪，随着全球人口的增长、工业化和城镇化进程的加快，自然资源消耗快速增长，环境污染日趋严重，生态系统越来越脆弱，人类赖以生存和发展的环境面临严峻挑战，保护环境、坚持可持续发展已成为人类的共识。改革开放以来，我国经济高速发展，现代化建设取得了举世瞩目的成就，但与此同时，能源枯竭、生态失衡、自然灾害频发等环境问题越来越严重，不仅阻碍了可持续发展，而且已经危及国家安全。解决这一问题，已成为摆在我们面前的重大现实课题。

党的十八大将生态文明建设提升到国家发展战略的高度，提出了“全面落实经济建设、政治建设、文化建设、社会建设、生态文明建设五位一体总体布局”。习近平总书记强调：“走向生态文明新时代，建设美丽中国，是实现中华民族伟大复兴的中国梦的重要内容。”军队环境保护和生态建设是社会主义生态文明建设的重要组成部分，响应党中央的号召，落实习近平总书记的指示精神，扎实搞好环境保护、生态建设，就是听党指挥，我们责无旁贷！我们要站在国家发展战略和实现强军目标的高度，发扬我军优良传统，以保护环境就是服务人民、保护环境就是保护战斗力的姿态，不辱使命，展现我军英雄之师、文明之师新形象，推动军事环境保护工作深入发展。

为更好地帮助全军官兵充分认清军队环境保护和生态建设的基本现状、发展趋势及使命任务，激励官兵积极投身建设美丽军营实践，中国人民解放军环境保护绿化委员会办公室组织编纂了“军事环境保护丛书”。这套丛书是“中国区域环境保护丛书”的重要组成部分，包括《军事环境科学研究》《军事环境保护管理》《军事环境污染防治》《军事生态环境保护》四个分册。丛书从不同侧面展示了我军在环境与生态保护研究、污染防治、区域生态恢复、生态营区建设管理、环境保护法制机制建立、监管体制完善、支援地方生态建设等方面取得的丰硕成果，突出反映了改革开放以来军队环境保护和生态建设工作的发展历程和重大举措，系统总结了军队在环境保护和生态建设实践中积累的宝贵经验，具有很强的知识性和科普性。

掩卷长思，任重道远。衷心祝愿军队环境保护和生态建设工作者在新的历史起点再立新功，为建设美丽中国、实现强军梦做出更大贡献！

“军事环境保护丛书”编委会

2016 年 10 月 28 日

目录

第一章　绪　论

环境是一个相对于主体而言的概念，泛指某一中心项周围的空间及空间中存在的事物，其内涵随着研究主体的改变而改变，随着主体的发展而不断发展。目前，人们已经从哲学、社会学、生态学等不同领域对环境一词提出各自的专业释义。《中华人民共和国环境保护法》指出："环境，是指影响人类生存和发展的各种天然的和经过人工改造的自然因素的总体，包括大气、水、海洋、土地、矿藏、森林、草原、野生生物、自然遗迹、人文遗迹、自然保护区、风景名胜区、城市和乡村等。"

环境保护是人类共同的事业，环境问题没有国界和行业的分隔。环境保护是我国的一项基本国策。军队作为国家主体的一部分和国防建设的主体，既是和平的维护者和国家安全的保卫者，也是生态环境的建设者。维护和平、夺取战争胜利是我军的根本目标，保护环境也是我军义不容辞的责任。军事环境是国家环境的重要组成部分，环境保护是军队建设的重要内容之一。

军队环境保护是指运用行政、法律、经济和科学技术等方面的手段和措施，防治环境污染，组织环境建设，保护并改善军队及其驻地生态环境质量。军队环境保护工作是军队后勤基建营房勤务工作的组成部分，同时也是军事工作、政治工作、装备工作的重要组成部分，是军队建设的重要内容之一，与保持和提高战斗力密切相关。不断改善部队的生存条件与环境质量，是军队新时期建设的一项重要任务。

根据《中华人民共和国军事设施保护法》《中国人民解放军环境保护条例》等，做好军事设施建设、军事活动的环境保护工作，合理利用自然资源，保护文化和生态环境，改善营区及其周围的环境质量，提高军队战斗力；在满足军事需要的前提下，充分考虑环境保护的要求，尽量减小和避免军事活动对生态环境的影响；对产生的各种污染进行科学监测和评价，采取有效措施进行控制和治理，使区域生态环境得以恢复，是军队环境保护工作的主要内容。

军队环境保护工作作为国家环境保护工作的一个有机组成部分，应当贯彻执行国家环境保护的方针、政策、法律、法规，接受国家环境保护主管部门的指导和监督。军队环境保护工作应当遵循“预防为主、治管并重、全员参与”的原则，与军队的全面建设相协调、与国家环境保护目标相一致，实现环境效益与军事效益的统一。军队环境保护工作应当纳入军队建设与发展计划。

环境管理是从环境保护的实践中产生，又在环境保护的实践中发展起来的。环境管理作为一门学科，是环境科学与管理科学相互交叉、渗透的产物，是环境科学的一个重要分支。环境管理学主要解决“管什么”和“怎么管”的问题，研究正确处理宏观环境管理与微观环境管理的关系，研究适合国情、军情的环境管理体制与模式，研究环境保护的战略、方针、政策、方法、法规、原则和指导思想等，为环境管理实践提供有效的理论指导。环境管理工作主要解决环境保护的实践问题，是环境保护工作的一个重要组成部分。对环境问题进行正确辨识是环境管理工作得以良性开展的前提。随着经济和社会的快速发展，环境污染、生态破坏、能源紧张、资源耗竭、自然灾害频发等环境问题日益突出，加强环境管理并对环境管理制度进行构建和完善，已成为政府有效解决环境问题的根本手段，也是实现经济、社会、环境可持续发展的基础。

多年来，在党中央、国务院、中央军委的领导和重视下，在国家和地方环保部门的帮助、支持下，在各部门、各单位的共同努力下，军队的环境保护工作发展较快。全军上下认真贯彻执行国家和军队有关环境保护的政策和法规，广泛开展了污染治理工作，在工业“三废”、医疗污水、部队营区锅炉烟气等污染源的治理方面取得了显著成绩；同时，也对营区生活污水、导弹推进剂废水、舰艇油污水等污染源进行了有效治理。此外，全军上下通过植树造林等活动，改善了营区生态环境；积极参加国家和地方政府组织的一系列重大生态环境建设活动，取得了显著成绩，为保护和改善人类生存环境做出了贡献。

第一节　军事环境问题概述

人类是环境的产物，又是环境的改造者。人类在同自然界斗争的过程中，不断地改造自然，创造新的生存条件，但是，由于人类的认识能力和科学技术水平的限制，在改造环境的过程中，往往会产生意想不到的后果，甚至造成环境的污染和破坏，这就是环境问题。

环境问题按照产生的原因大致可分为原生环境问题和次生环境问题两类。由自然力引起的环境问题称为原生环境问题，也叫第一环境问题，如火山喷发造成的大气污染，地震造成的地质破坏和水体污染，洪涝、干旱、滑坡造成的生态环境破坏等。由人类的生产和生活活动引起的生态系统破坏和环境污染等环境问题称为次生环境问题，也叫第二环境问题。次生环境问题包括生态破坏、环境污染和资源浪费等方面。目前人们所说的环境问题一般是指次生环境问题。

人类的历史伴随着各种军事活动或各类战争，军事活动或战争给人类带来了严重的环境问题。大规模战争必将造成大气、水或地面环境严重恶化。不论是核战争还是常规战争，都会大范围地造成军事设施、工厂、城市等的毁坏，从而带来环境灾害。近年来，全球的几个战争热点地区均已变成或正在变成不毛之地就是证明。另外，现代化学工业中生产、储存、转运的大量有毒、有害、易燃、易爆化学物质可以构成灾害源，战争可能引发大批化学品泄漏，造成难以控制的化学灾害。

除此之外，武器装备的研制和生产数量大，其带来的环境问题对我们的影响更大。武器装备生产过程中产生的污染，火箭、导弹的燃料试验或发射造成的环境污染，核武器反应试验及反应堆泄漏造成的大气、水、海洋污染，生化武器试验造成的化学污染，都给人类带来了严重的环境问题。这些问题影响了我们每一个人的日常生活，因此了解军事环境问题的相关知识非常重要。

一、军事活动带来的环境问题

军事活动对环境的污染是多方面的，其中有些与工农业生产、城市生活及各种经济活动产生的污染相同，而有些则有一定的特殊性。在不考虑战争因素的情况下，军事活动对环境的污染包括军事训练、军事实验、军队生产活动、军队生活等对环境造成的污染。

（一）军事训练对环境的污染

军事训练是提高部队战斗力的根本途径，是军队履行职能的重要保障，但军事训练也会对环境造成一定的污染。一般来说，军事训练对环境的影响是全方位的，包括陆上演练、海上航行、空中飞行、实弹射击等对环境的破坏和影响。具体包括各类机动装备产生的尾气和扬尘、武器装备使用产生的废气等对大气环境的污染；舰艇含油污水、生活污水和生活垃圾的排放对海洋环境的影响；飞机、坦克及各种车辆产生的噪声污染；炮火轰击、人员活动对训练区域的生态环境造成的破坏；电子设备的使用产生的电磁辐射污染；各类新武器和新装备的使用产生的有毒物质、有害物质和放射性物质对水质、大气、土壤的污染等。

（二）军事实验对环境的污染

军事实验是军事科学研究和军事装备研制的重要手段。军事实验对环境的影响十分复杂，其污染的种类和影响的范围也非常广泛，但其影响和破坏的强度一般较小。军事实验对环境的污染主要有：实验室的实验活动产生的废水、废气、固体废物和放射性物质对自身环境和周边环境的污染；实验场的实验活动产生的推进剂废液、废水、废气、固体废物和放射性物质等对环境的污染等。

（三）军队生产活动对环境的污染

军队的生产活动主要是指军队的装备制造、修理和农副业生产等活动。由于生产的性质不同，军队的生产活动对环境的影响存在着很大差异。制造、修理等活动对环境可能产生的污染主要集中在工业废水、废气、废渣、噪声和辐射等方面，如电镀废水，洗消过程中产生的含油废水、放射性物质、粉尘和其他有毒、有害物质，锅炉产生的烟尘、烟气，喷漆产生的有机废气等。农副业生产活动对环境可能产生的污染主要有化肥、农药使用对土壤的污染，农机使用对大气环境和声环境的污染，农用塑料产生的白色垃圾污染等。

（四）军队生活对环境的污染

军队生活对环境可能产生的污染主要有：各类生活污水对水质的污染，锅炉产生的烟尘、烟气对大气环境的污染，生活垃圾对土壤、景观环境的污染，空调等设备的使用产生的热污染，车辆的噪声、尾气、含油废水污染，通信联络等活动产生的电磁辐射污染，医疗设施和活动产生的废水、放射性物质以及医疗垃圾污染等。

二、典型军事环境问题

在上述军事活动带来的诸多环境问题中，武器装备的研制和生产带来的环境问题影响更大。下面分别介绍常规武器装备以及核生化武器装备的生产、使用带来的环境问题。

（一）典型常规武器装备对环境的影响

以火箭推进剂在生产和使用过程中产生的“三废”为例来介绍常规武器装备对环境的影响。

火箭推进剂包括燃烧剂、氧化剂及单元推进剂，按形态可分为固体推进剂、液体推进剂和固液混合型推进剂。目前常见的火箭推进剂有烃类、肼类、胺类、氟类、铍类、硝酸酯类、硝基氧化剂类、含氯氧化剂类等。

火箭推进剂本身就具有一定的毒性。高浓度的肼类、氟类、硝酸酯类、硝基氧化剂类等推进剂会使人急性中毒，症状有惊厥、昏迷、虚脱以及中毒性肺水肿、中毒性肝损伤等；慢性中毒情况下，氟和氟化氢可以引起氟骨症（骨质增生），十硼烷、肼、二甲基苯胺可以引起中毒性肝炎，铍可以引起肺结节及皮下脂肪肉芽肿等；氮氧化物、偏二甲肼、有机胺、氟化氢等气体或蒸汽刺激眼及上呼吸道，可引起急性或慢性炎症；固体推进剂中的某些固化剂、稀释剂、黏合剂（如沥青、环氧树脂、甲苯二胺、乙二胺等）可以引起皮炎、湿疹、血管神经性水肿、荨麻疹和支气管哮喘；铍和氧化铍等具有致癌、致突变作用。

火箭推进剂在生产、加工、运输、储存和使用过程中均会给空气、水体和土壤带来如下各种污染。

1. 对空气的污染

（1）生产、运输、贮存或加注过程中液体推进剂发生的泄漏、损漏事故造成的空气污染。据美国进行的四氧化二氮和混肼-50 可漏性试验记载，推进剂一次泄漏几百千克，形成了直径 7 m 左右的火球，并产生了大量的偏二甲肼、肼的蒸汽和氮氧化物，造成了空气污染。

（2）试车及发射时产生的大量废气及凝结物排入发射场周围的空气。废气的成分与推进剂的种类有关，如烃类推进剂燃烧后产生的有害气体主要为二氧化碳、一氧化碳，肼类、胺类推进剂燃烧后产生的有害气体主要为氰化氢、二氧化氮，硝酸酯类推进剂燃烧后产生的有害气体主要为氰化氢、氮氧化物，含氯氧化剂类推进剂燃烧后产生的有害气体主要为氯化氢等。

（3）试车或发射失败，大量推进剂泄漏时燃烧不完全的产物会污染场地周围的空气。据国外报道，试车时燃气的污染范围为：小型发动机（推进剂不超过 10 kg）一般在下风向 100～200 m，大型发动机（数十吨到数百吨推进剂）在下风向可达数百米到数千米。

（4）空气污染的危害性。①对人体健康的影响。受污染地区的居民中以婴儿、孕妇、老人、慢性呼吸道疾病患者、心脏病患者受影响更明显。②对家畜、家禽的危害。高浓度氟及氟化氢气体可使家禽急性中毒死亡；牛群长期吃被氟化物污染的牧草易患氟骨症，奶牛产乳量急剧下降。③对植物的影响。推进剂及有害燃气中以氟化氢、氯化氢、氮氧化物对植物的危害最严重，会使受害树木的树叶变色、枯萎或脱落，甚至使树木枯死；使果树落叶、落果甚至死亡，严重影响果树的产量和质量；使农作物严重减产，2～3 ppm[①]的二氧化氮会使豆类或番茄枯萎，25～30 ppm 的偏二甲肼会使棉花、瓜类枯死。④对材料的腐蚀。酸性气体能腐蚀金属材料、非金属材料及电器材料。20 世纪 50 年代，据英国统计，空气污染会使铁轨、纺织品、电器线路、金属制品、涂料、橡胶等遭受腐蚀，每人每年平均损失 17 美元。

2．对水体的污染

（1）污染源

主要包括推进剂工厂的废水，试车与发射场所的废液、冷却水及清洗器材场地的污水，清洗储罐及槽车等的污水，运输、贮存、加注过程中的少量废液。

上述这些废水及废液若不加处理直接排入地表水，可能造成河流、湖泊水体污染，还可能渗入土壤后污染地下水。

---

① 1 ppm=0.001‰。

（2）水污染的危害

①对人体健康的影响。可以分为直接的毒性作用和间接的致病作用。当饮用水中硝酸根含量因硝酸污染而超过 50 mg/L 时，会引发高铁血红蛋白血症，三个月以下的婴儿对其尤为敏感。因婴儿中毒后全身呈紫蓝色，故称蓝婴症。从 1944 年首次报道以来，截至 1970 年，我国已有超过 2 000 例中毒病例，其中 122 例死亡。大量还原剂物质排入水体，使水中溶解氧被消耗，导致水生动物窒息死亡，水质变坏、发臭，病原菌大量繁殖。

②对牲畜的影响。水质污染后会引起牲畜急性或慢性中毒。例如，硝酸盐含量过高，可使牛、羊、猪等牲畜患高铁血红蛋白血症。当血液中高铁血红蛋白含量为 60%～70%时，可导致心、肺等重要器官缺氧。牲畜饮用强酸或强碱污染的水源后，会损伤消化道，严重情况下会导致消化道黏膜发生糜烂、溃疡、出血甚至穿孔。

③对渔业的危害。推进剂及其原材料、中间产物、燃烧或分解产物污染水体后，会因毒性、pH、渗透压、化学需氧量、温度等的改变而影响鱼类的生存、生长、发育、繁殖等整个生命活动。鱼类对有毒物质的反应包括回避（指鱼类对有臭味或刺激皮肤的污染物采取的逃避行为）、生殖、生长、胚胎发育、死亡。肼和偏二甲肼对有爪蟾蜍的卵有致畸作用，致畸质量浓度分别为 40 mg/L、10 mg/L。

从总体上来看，目前推进剂废水对水源的污染不如采矿、石油、化工等行业产生的污染严重。美国对卡纳维尔角太空发射场的地表水中偏二甲肼、硝酸盐、亚硝酸盐、氟化物的调查结果表明，水体并未受到严重污染。一般来说，水源充沛、流量较大的江、河、湖、海，由于水的稀释作用和水体对有机物的自净作用，水体不会受到严重污染。只有小溪、小池塘和井水可能受到不同程度、不同持续时间的污染。

3．对土壤的污染

推进剂泄漏到地面可直接污染土壤，也可以通过空气和水间接污染土壤。土壤受到污染后，会影响微生物的生长繁殖、微量元素的含量以及土壤肥力和酸碱度，从而导致植物的生态学特性发生改变。

四氧化二氮被土壤吸附后，与土壤中的碱性物质作用生成硝酸盐和亚硝酸盐。偏二甲肼在土壤中可缓慢分解为甲胺、二甲胺、甲醛、氰酸和氢氰酸等。美国曾进行过一次试验：将 14 L 混肼-50 洒入土壤，用水冲洗后 6 周内仍可测到土壤中有肼、偏二甲肼存在，还测到其分解产物甲醛、氢氰酸。而把同样的混肼洒到土地上，用稀释的过氧化氢溶液处理后，土壤中检测不到肼和偏二甲肼。

近年来，为了减轻各种污染，满足环境保护的要求，在及时采取措施处理火箭推进剂“三废”以减少对环境的危害的基础上，很多国家致力于洁净推进剂的研究，先后研发了一些新型推进剂品种。例如，采用酸中和推进剂、无氯或少氯推进剂可以减少推进剂燃烧废气中的酸性气体。

酸中和推进剂的基本原理就是利用酸碱中和去除盐酸的酸性。目前较为成熟的手段是采用镁取代铝粉，而推进剂的其他组分基本保持不变。酸中和推进剂的基本配方为：70%的高氯酸铵、12%～14%的黏合剂和 16%～18%的镁粉。

采用由无氯氧化剂、非金属添加剂或高能燃料等组分构成的洁净推进剂可以减轻火箭发射引起的环境污染，但是采用新型洁净推进剂还受到诸如推进剂性能、成本等方面的制约。

（二）核生化武器装备对环境的影响

核生化武器破坏性严重，滥用将导致难以控制的后果，甚至威胁到全人类的生存，因此世界各国缔结了各种国际公约限制甚至禁止使用这类武器。但近年来恐怖主义在全球蔓延，我们每一个人都有可能受到核生化恐怖的威胁。因此，了解核生化武器装备的威胁以及相关的处置知识是很有必要的。

1．核辐射恐怖的危害

在核武器出现后的几十年中，它给人类带来的最大的危害就是核污染。核污染也是核时代人类面临的、今后还将继续存在的威胁。

核试验是全球放射性污染的主要来源。进行核试验时，带有放射性的颗粒沉降物沉降到地面，会对海洋、土壤等造成污染，其中大部分未衰变完全的放射性物质尚存在于土壤、农作物和动物体内。联合国原子辐射效应科学委员会 1972 年发表的报告指出：1970 年以前所有大气层核试验注入平流层的 ^{90}Sr 总量为 5.78×10^{17}Bq，其中 5.58×10^{16}Bq 已沉降到地球表面。沉降到地球表面的 ^{90}Sr 有 77%分布在北半球，23%分布在南半球。核试验使地球环境的放射性水平显著提高。1963 年以后，美国、苏联等国家将核试验转入地下，但由于发生“冒顶”和其他泄漏事故，核试验仍然对人类环境造成了污染。

放射性物质可以通过空气、饮用水和食物链等多种途径进入人体，还可以通过外照射方式危害人体健康。过量的放射性物质进入人体（即过量的内照射剂量）或受到过量的放射性外照射，会引发急性的或慢性的放射病（如恶性肿瘤、白血病），或损害其他器官（如骨髓、生殖腺等）。

因此，全面禁止核试验是一个关系到人类生存的严肃话题。1996 年 9 月 10 日，联合国大会通过了决议，正式认可《全面禁止核试验条约》；同年 9 月 24 日，《全面禁止核试验条约》在纽约联合国总部开放签署。中国参加了《全面禁止核试验条约》的谈判，并于 9 月 24 日第二个签署了《全面禁止核试验条约》，同时发表了中国政府声明，重申了中国一贯主张全面禁止和彻底销毁核武器，并为早日实现这一目标继续努力奋斗的原则立场。但由于《全面禁止核试验条约》附件二中所列 44 国中有多个国家尚未批准该条约，不满足生效条件，目前《全面禁止核试验条约》尚未生效。

核武器对气候和生态的长期效应早已引起人们的注意。1982 年美国科学家提出了核冬天理论。由于大量烟尘进入大气层，太阳辐射可减少至正常状态的 1%，上层大气变暖，地球表面温度剧降至冰点以下，在 2～5 个月内保持在−25℃左右。

核战争的威胁在增加。从全球范围来看，军备竞赛仍在加剧，拥有核武器或有能力发展核武器的国家也越来越多。目前仅美、俄两国所拥有的核弹头，就足以把人类毁灭数十次。再加上一些战争贩子秘密研制和生产的生物武器和化学武器，将使人类不得不长期生活在非常规战争的阴影里。

2．化学、生物武器的环境影响

化学、生物武器是大规模的杀伤性武器。化学毒剂中很多化合物是不稳定的，不会造成严重的环境影响，但一些新的化合物如二噁英、T-2 毒素等比较稳定，具有强致癌、致畸、致突变作用，长期滞留在环境中会造成严重的危害。二噁英在土壤中的残留期为 10 年，并且会在水生生物中以 8 000 倍数累积。

生物武器的研究重点已经转向病毒分子，这类对人或其他生物具有高致病力的病毒分子将对环境构成严重的潜在威胁。

第二节　军队环境管理的历史沿革

从 20 世纪四五十年代开始，随着环境保护工作的日益发展和军事装备技术的进步，研究军事设施、军事装备和军事活动对环境的污染和影响，并采取相应的防治措施，已成为各国军队的一项重要工作。到了 20 世纪 60 年代初，美国、苏联等国家的军队就开展了军事环境保护工作。1966 年，美国国防部发出了环境污染控制指令，要求必须有效控制各种军事设施、设备、装备及车辆等对环境造成的污染。同年，成立了美国国防部污染控制委员会，制定了 1969—1972 年水污染控制和大气污染控制五年规划。美军还成立了相应的科研和管理机构，全面规划和管理美军的环境保护工作。

中国人民解放军的环境保护工作是国家环境保护事业的重要组成部分，基本上是按照国家的统一部署和要求，始终紧跟我国环境保护的步伐而开展的。军队环境保护管理机构也是随着我国环境保护工作的开展和军队环境保护工作的实际需要而发展和变化的。

1973 年，第一次全国环境保护会议召开后，军队立即根据国家的要求成立了我军环境管理的最初机构，其名称为中国人民解放军“三废”治理领导小组及中国人民解放军“三废”治理领导小组办公室，前者为领导机构，后者为办事机构。随即在全军范围开展了大规模的宣传和动员活动，进行环境保护重要性的教育和环保基本知识的宣传。同时以治理军队企业的工业“三废”为开端，逐步开始进行燃煤锅炉的消烟除尘、医疗机构的医疗污水治理等，许多单位还在植树造林、水源保护、营区绿化、改灶节煤、粪污处理等方面做了大量的工作，对消除污染、改善环境起到了一定作用。

1976 年，中央军委批准成立了中国人民解放军环境保护领导小组及中国人民解放军环境保护领导小组办公室，并要求各军区、各军兵种、各总部和国防科工委等单位也成立相应的机构，总部的有关业务部门要确定部门和人员负责本系统的环境保护工作。1980 年年底，全军及各总部、各军区、各军兵种和国防科工委都成立了环境保护领导小组和办公室，全军初步形成了自上而下的环境保护管理体系。

1977 年，为了推动军队环境保护工作的健康、有序发展，中央军委批准了军队第一个环境保护十年发展规划——《1977—1985 年全军环境保护长远规划》，明确了军队环境保护工作的任务、目标、职责分工和经费渠道。从“六五”开始，全军环保工作就做到了长有十年规划、中有五年规划、短有年度计划。

1979 年，总后工厂管理部环境监测站成立。20 世纪 80 年代以来，从总部到各大单位，以及部分大城市、大型工厂企业都先后成立了军队环境监测机构。到 2000 年年底，全军共有三级以上环境监测机构 42 个，专职监测人员 380 多人。军队环境监测网络体系初步形成，并有效开展了对军队单位污染源和环境质量的监测、监督工作。

1982 年 3 月，由中央军委批准，总参谋部、总政治部和总后勤部联合颁发了《中国人民解放军环境保护暂行条例》，对污染防治、保护自然环境、组织机构、奖惩等做出了详细规定，使军队环境保护工作走上了法制化轨道。同年，中央军委批准成立了中国人民解放军绿化委员会。为加快污染治理步伐，1982 年，总后勤部拨出 6 000 多万元专项经费，用于污染危害严重、工程量大的重点污染源的治理，推动了全军环境保护工作的发展，得到了国务院领导的肯定和赞扬。

1985 年，全军裁军 100 万时，各军区、各军兵种和总部专门设置了环保绿化处，使环保管理机构作为一个职能部门，正式列入我军编制序列。

1986 年，中央军委批准将中国人民解放军环境保护领导小组调整为中国人民解放军环境保护委员会，全军团级以上部队、化工厂、在编修理机构、军港等都成立了环境保护委员会和领导小组，指定了办事部门和人员。从此，军事环境管理进入了正常运行的轨道。1986 年，全军在军队工厂企业、修理机构中开展了创建清洁文明工厂活动，把污染防治、环境管理与文明生产、绿化美化结合起来，实行综合治理，使环境质量和经济效益有了明显提高。全军有 127 个工厂和在编修理机构被评为全军清洁文明工厂，有 20 个工厂被评为国家环境优美工厂。

1980年、1981年和1989年先后三次召开了全军环境保护工作会议，开展了创建全军环境保护先进单位和争当全军环境保护先进个人活动，有力地推动了军队环境保护工作的发展。

1990年7月，中央军委批准颁发了《中国人民解放军环境保护条例》。其后，又相继出台了《军队企业环境保护管理办法》《军队环境噪声污染防治规定》等10多个环保法规。

1994年，提出了“两少两好三提高”的全军环境保护奋斗目标。这一奋斗目标包括：减少污染排放总量，减少能源、资源消耗；防治污染效果好，绿化美化环境好；提高营（厂）区环境质量，提高环保投资效益，提高环境管理水平。

1996年，经中央军委批准，中国人民解放军环境保护委员会和中国人民解放军绿化委员会合并为中国人民解放军环保绿化委员会，将绿化纳入环境保护，开始实施污染防治与生态建设并重的新战略。

1997年10月，军队修订颁发的《中国人民解放军内务条令》中专门新设了第267条和268条，第一次对军队的环保绿化工作提出了明确要求，把环保绿化工作正式纳入军队全面建设。

1997年，中国人民解放军环保绿化委员会办公室在中央电视台开辟了军队环保绿化专题系列报告栏目。通过深入的宣传教育，有效提高了全军官兵、职工、家属的环境保护意识，逐步形成了“领导重视、齐抓共管、人人参与”的军营环保氛围。

1999年，经总参谋部批准，后勤工程学院新增了军事建筑与环境工程系，开设了环境工程专业，这是军队院校第一次正式设立环保教育专业。

2001年2月16日，中国人民解放军环保绿化委员会发布了《关于开展创建“绿色营区”活动的通知》，决定从2001年开始，在全军开展创建“绿色营区”活动。这极大地促进了全军环保绿化工作的发展。

2006年7月20日，中国人民解放军环保绿化委员会发布通知，决定在全军开展创建“生态营区”活动。这有利于提高官兵的生活质量，促进官兵的身心健康；有利于提高部队的凝聚力、战斗力；有利于促进军队的全面建设；有利于建设资源节约型、环境友好型社会。

2015年，中国人民解放军环保绿化委员会印发了《关于加强和改进军队营区造林绿化工作的意见》，要求全军和武警部队深入贯彻落实党中央生态文明建设战略部署和军委决策指示，进一步加强和改进军队营区造林绿化工作，推进军队生态环境和部队战备训练协调发展。

在中央军委的高度重视下，军队始终把环境保护与生态建设工作作为军队全面建设的大事，每年召开专题会议，进行决策和部署。全军部队积极响应国家号召，在中央军委的统一部署下，按照污染防治与生态建设并重的方针，以改善和提高营区生态环境质量为目的，以污染防治和建设“绿色营区”“生态营区”为重点，较好地完成了各项环境保护和生态建设任务。总体来看，经过多年的创新发展，我国军事环境管理体系基本形成。主要情况如下：

（1）军事环境保护法规体系基本成型

虽然我国军事环境保护工作起步稍晚，但经过不断的努力，我国已是世界上制定军事环保专项法规制度较多的国家之一。目前已基本形成具有中国特色的军事环境保护法规体系。

（2）军事环境保护管理机制运行良好

我军在 1996 年将环境保护委员会和绿化委员会合并，之后又在团级以上单位设立环保绿化委员会，明确了各级单位的业务职责，理顺了层级关系，更好地整合了资源，为我军顺利解决各类军队环境问题打下了坚实的基础。

（3）军事环境保护教育体系逐步完善

我军高度重视军队院校的环境保护学科建设。军队院校多年来认真贯彻有关环境保护的法律、条例，形成了由专业技术人员培养、军校环保素质教育、官兵环保知识普及教育等构成的环境教育体系。通过全方位、多角度地参与国际军事环保交流，军队院校形成了开放、发展的学术氛围。与此同时，环境方面的科学研究广泛开展，并且屡创佳绩、硕果累累。

（4）军事环境保护国际合作机制日渐成熟

国际就重大环境事件进行谈判时，军方参与是很有必要的。在处理日本遗弃在我国的化学武器时，我军的环境保护工作者（任务主要承担者为防化学院履约事务办公室）不仅参与了日本遗弃化学武器的辨识、挖掘和处置等实质性工作，还积极参与了相关环境标准制定、销毁技术论证、销毁设施选址等理论性工作，保证了在销毁日本遗弃化学武器时生态环境不被破坏。我军独具优势的科学技术在军队环境保护工作中也屡建功勋。1992 年 4 月，联合国维持和平部队选用了我军研制的多功能净水装置飞赴柬埔寨，使我军的环境保护技术走向国际环境保护大舞台。此外，我国还签署和批准了一系列国际上有关军事环境保护的条约、协定。

第三节　军队环境管理的基本任务和目的

一、军队环境管理的基本任务

（一）拟制发布法规制度

制定军队环境保护法规是军队环境管理的一项重要工作。军队环境保护法规制度应当依据国家有关环境保护的方针、政策、法规和标准来制定。由于军队的性质、任务和特点与地方不同，因此，军队只能在基本遵循国家环境保护法律法规的基础上，结合自身的实际情况制定环境保护规章制度，保证国家各项环境保护法律法规在军队得以贯彻执行。

（二）制定实施规划、计划

制定军队环境保护规划、计划是军队环境管理的一项重要工作。正确、合理、实用的规划和计划又是军队环境保护工作有效实施和顺利发展的保障。正确、合理的规划和计划来源于科学的预测和决策。

军队环境保护规划、计划包括长期规划、五年规划和年度实施计划，还分为单位计划和业务部门计划。这些规划、计划是根据国家和军队上级领导单位的要求，结合自身情况来制定的。制定规划和计划，必须立足于客观实际，从自身拥有的人力、物力、财力和技术条件等出发，确定合理的目标，充分调动各方积极性，以保证规划和计划目标的实现。目标的确定不要太高，也不要太低，应该把通过踏实的努力和协作能够达到的结果作为目标。

（三）进行科学预测决策

一切有效的管理活动都是正确预测和决策的结果。预测是对客观事物未来发展的估计、分析、判断和推测。决策是指对政策和重大工作进行研究和决定实施的过程。军队环境管理工作的预测和决策，是根据有关环境保护的方针、政策、法规和标准等具体要求，结合军队客观实际，运用全面、准确的信息和科学的方法，对各项工作目标的可行性和效果进行预测，由此选择出最佳方案，并予以实施。在军队环境管理中运用预测和决策的方法，可做到目标最佳化、方案最优化，减少失误。

（四）实施组织、指挥和协调

组织、指挥和协调是军队环境管理的首要环节。军队环境保护各项工作的开展以及军队环境管理各项目标的实现，都要通过军队各级环境管理机构的组织、指挥和协调。实施军队环境管理的组织、指挥和协调，就是要调动一切可以调动的人力、物力、财力和技术，使其为军队环保目标的实现发挥最大作用；就是要协调各级、各部门以及国家和地方的相互关系，以保障军队环境管理的有机、高效运转，获得工作效益；就是必须建立健全各级、各部门环境保护机制，指派相关责任人员，形成系统，做到统筹兼顾、科学正确、令行禁止。

军队环保工作组织、协调的任务，主要是做好环境保护具体工作，使其与目标和任务协调一致；在组织上做好按业务系统的纵向协同和不同部门间的横向协同；做好军队环境保护工作与国家和地方环境部门的协同等。

实施组织、协调要注意效果反馈，做到有指令、有检查、有调整、有落实、有总结等。正确组织、指挥和协调，对于军队环境保护工作的顺利开展有着极为重要的作用。

（五）进行执法检查和监督

检查和监督是军队环境管理的重要职能，其目的在于保证军队环境保护各项工作的正常开展，维护环境保护相关法规、标准的贯彻执行，预防、纠正工作中出现的偏差和失误。

军队环境管理检查和监督的主要内容包括：规划、计划的制定和实施，环境保护法规的贯彻执行，经费的分配和使用，主要工作任务的进展，污染源及其治理的情况等。检查和监督应做到经常性和及时性相结合、群众性和民主性相结合，并按有关规定在某些方面接受地方政府及其有关部门的监督和检查。

（六）总结并交流先进经验

及时总结工作经验和教训、交流先进经验和成果，同样是军队环境管理的一项重要任务。工作总结从内容上看有单项工作总结和综合性工作总结，并有阶段性的特点。按全军的要求，军队环境管理一般进行的是年度综合工作总结和重要的单项工作总结。军队环境保护工作的总结一般包括：一定时间内取得的成绩（应尽量量化），成功的经验和做法，涌现的好人、好事和典型事例，存在的问题，发生的失误，今后工作的打算等。在一定的阶段，要对先进单位和人员进行表彰。交流经验和成果的方法可以灵活多样，既可以通过宣传报道予以介绍，也可以通过行政手段予以指令性推广。

（七）组织开展科研和监测

环境科研和环境监测是环境保护工作的重要技术支撑。军队环境管理机构负责组织开展军队环境科研和监测机构的建设，确定科研和监测工作的任务和目标，组织制定环境科研和监测的规划、计划等。为开展好本单位、本部门的环境科研和环境监测工作，各级、各部门环境管理机构都要加强对环境科研和监测工作的组织领导，加强组织建设和业务建设，培养技术骨干力量，为解决实际困难创造有利条件，保证环境科研和监测工作的正常开展。环境科研和监测是环境管理工作的先导和依靠，环境管理部门要想做好管理工作，一定要组织、服务好军队的环境科研和监测工作。

（八）组织开展宣传教育

开展环保宣传教育是提高官兵环境保护意识的重要手段，是实现军队环境保护战略的重要保障。军队环境管理机构应会同宣传、训练和其他部门，利用多种形式，开展环境保护基本知识的宣传活动，开展对环境保护的方针、政策和形势等的宣传教育活动，普及环境保护与生态建设的基本知识，弘扬环境文化，倡导生态文明，提高各级领导和全体官兵的环境保护意识和能力，促进军队环境保护工作的有效开展。

（九）积极推进国际合作

对外军事环保交流是军队环境管理的重要内容之一。应本着积极参与的原则，加强军事环保领域的国际交流与合作，不断拓宽军事环境国际交流与合作的领域，建立对外军事环境交流机制，规范对外环保交流工作，借鉴外军环境保护的先进经验和做法，不断拓展军事环保工作思路，促进我军军事环境保护工作不断向深层次发展。

二、军队环境管理的目的

通过实施上述军队环境管理的具体工作，可以达到以下目的。

（一）调动广大官兵的积极性

人的因素在环境管理工作中占有十分重要的位置。充分调动广大官兵的积极性，可以科学、有效地管理环境。通过组织、指挥、协调等职能，能够充分调动军队各级环保组织和环保工作人员的积极性和创造性，激发每个人的聪明才智，使全体人员协同工作，上下一心，步调一致。

（二）促进各项工作的落实

运用检查、监督、指导、控制等职能，可以促进各单位及时制订先进可行的工作措施，认真组织落实环境管理政策，并且能在检查和监督中及时发现并解决在执行过程中出现的问题，认真总结并推广经验教训，纠正偏差，运用奖惩等手段保证本单位环境保护工作的正确和顺利开展。如果没有科学、严密的监督管理，军队环境保护的各项工作就很难在各单位、各部门得到贯彻和落实，工作计划及目标也就很难实现。所以，环境管理是保证军队环境保护工作能够落到实处的重要手段。

（三）获得最佳的工作效果

环境管理的重要作用还在于能够统筹安排人力、物力、财力和科学技术等因素，使这些因素能够及时、充分、协调地发挥最大作用，从而获得最佳效益。这种效益体现为社会效益、军事效益、经济效益和环境效益相统一的综合效益。随着全面质量管理方法和计算机技术等的应用，军队环境管理的工作效率和工作质量都在提高。

第四节　军队环境管理的特点和手段

一、军队环境管理的特点

相对于国家、地方环境管理的特点和军队其他业务管理的特点而言，军队环境管理的特点具体表现在以下六个方面。

（一）综合性

军队环境管理的综合性特点表现在环境管理的内容和涉及的业务范围。军队环境管理的内容主要是军队管辖区域的环境，包括空气、水体、土壤、林草植被、野生动植物、矿藏等。而管辖区域又是多种多样的，包括营区、厂区、库区、港湾海区、训练场区、农场和机场等，这些区域的环境都需要进行管理，目的是防止污染和破坏，保持一定的环境质量。军队环境管理的范围涉及许多业务部门，如作战、防化、宣传、群工、营房、卫生、油料、车船管理、装备订购、维修等。不仅陆、海、空三军有环境保护工作任务，火箭军、总装备部所辖的卫星和导弹发射阵地、试验场等场地的环境问题也十分突出。此外，我军中有相当一部分科研、设计单位和院校也在从事与环境保护有关的工作。所有这些都充分说明军队环境管理有着综合性的特点。因此，为了做好军队环境保护工作，各级领导必须充分重视，各部门、各系统应齐抓共管，采取综合、有力的措施，保证环境保护工作的全面、顺利开展。

（二）广泛性

军队的生产、训练、科研以及每个官兵的生活，都在利用着环境和自然资源，同时，这些活动也向环境排放着各种有毒、有害物质，污染甚至破坏环境。我们每一个人都希望生活在清洁、优美、适宜的环境中，军队的生产、训练、科研也应该有一个良好的环境。这些都体现了军队环境管理的广泛性。因此，军队环境管理工作要着眼于环境保护的宣传教育，使广大官兵和职工都认识到保护环境的重要性，掌握基本的环境保护知识，提高环境意识，养成“破坏环境可耻，保护环境光荣”的风气，动员每一个人，共同做好环境保护工作。

（三）系统性

国家环境管理的体制是“条块结合，条条治理，块块监管”，即国家各有关部门等要组织开展环境保护工作，各省（区、市）地方政府负责本辖区的环境监督管理。在军队内部，由于各部门业务分工不同，而相当一部分部门又拥有与本部门业务有关的环境保护工作，因此军队环境管理具有系统性的特点。《中国人民解放军环境保护条例》对环境保护工作按业务系统分工做了相关规定。在全军和各单位环保绿化委员会的组织领导下，各业务部门做好本系统的环境保护工作，就可保证全军环境保护工作全面、协调地发展。

（四）技术性

环境保护是一项综合性工作，环境科学是顺应社会经济发展而形成的，涉及自然科学、社会科学等多种学科的综合性学科。这门学科以生物学、生态学为基础，广泛运用化学、地质学、物理学、医学、法学、管理学的知识和一些工程建筑技术来进行环境管理和污染防治。环境管理工作者不仅要掌握管理科学的基本知识，还要掌握环境保护的基础知识和防治环境污染的有关政策、具体技术措施，这样才能得心应手地做好环境管理工作。如果从事环境保护管理的工作人员不懂得污染治理知识，那么很难做好本职工作。所以，和其他一些管理性工作相比，环境管理有着明显的技术性特点。

（五）区域性

军队单位分散在全国不同的地区，有的驻扎在人口密集的重点城市，有的驻扎在人少地多的山区，还有的驻扎在人烟稀少的戈壁、海岛。不同地区的环境特点和当地居民活动方式不同，经济水平和环境质量也有差异，导致这些地区存在着明显的区域性。我国把直辖市、省会城市、对外开放城市和国家计划单列市作为环境保护重点城市，把自然保护区、风景名胜区、水源保护区等作为环境保护重点区域。这就要求驻这些城市和地区的军队单位必须要按照当地的标准和要求切实做好环境保护工作。

军队环境管理的区域性特点，从另外一个方面讲，就是军队基层单位所管辖的范围。虽然有的大些（如有的军队单位管辖的面积相当于一个省或一个市的大小），有的小些（如一座军营、一个军港、一个机场、一个仓库等），但都是一个环境要素相对齐全、环境功能相对独立的自然环境区域。因此，应根据本单位环境保护的具体要求，对其管辖的区域采取不同的保护空气、水体、土壤、动植物以及环境综合整治和绿化美化的具体措施。

（六）超常性

军队是要打仗和准备打仗的。战争，尤其是现代化战争，往往会对环境造成严重的污染和破坏。因赢得战争的军事需要，现代武器装备都在往杀伤力大、破坏力大、速度快、远程性等方向发展，更值得关注的是核武器、生物武器和化学武器的应用。这些现代武器的研制、试验、生产和装备部队，只能在满足军事需要的前提下考虑环境保护的要求，或者说在充分进行利弊分析的基础上，确定军事需要与环境保护需要的比重。这样，军队环境管理就有了与地方环境常规管理不同的规则和标准，具有超常性的特点。和平时期军队进行的一些大型训练、试验和演习，也往往会对环境产生一定的影响并存在超常性特点。国外一些国家的环境保护立法规定，军队在某些方面享有豁免权，我国的环境保护立法也有类似的规定。有的法律法规还规定由军队自行执法，实行监督管理。正是由于军事活动及军事装备不同于地方的生产和生活活动，所以军队的环境管理、污染防治、环境科研和监测都有着军队独有的特点，形成了自己的体制和法规体系，这些都是军队环境管理与地方环境常规管理不同的地方。

正是由于以上特点，军队的环境保护工作由军队自行实行特殊管理。值得注意的是，军队应在不损害军事利益的情况下，自觉接受国家和地方的指导与监督。

二、军队环境管理的主要手段

所谓环境管理手段是指为实现环境管理的目标，管理主体针对管理客体所采取的必需且有效的管理和控制措施。环境管理手段的多样化对于加强环境管理有着十分重要的作用。我国在环境保护事业开展之初，主要是以行政手段进行环境管理。随着各项环境管理制度的不断完善，20 世纪 90 年代后期，环境管理手段开始向多样化过渡，逐步实现从行政手段为主向综合使用行政、法律、教育、经济等多种手段的环境管理方式转变。实践表明，在环境管理工作中，综合运用多样化手段取得了良好效果。

（一）教育手段

环境管理的教育手段是指运用各种形式，开展环境保护的宣传教育活动，以增强人们的环境保护意识和环境保护的专业知识积累。教育手段具有后效性、广泛性和非程序化等特征。教育手段是军队环境管理使用较多且行之有效的一种手段，主要包括以下几种形式。

1．广泛宣传

主要是利用书报、杂志、电影、广播、电视、网络、展览、报告会等多种宣传教育形式，向广大指战员、职工传播环境保护基本知识，宣传国家及军队环境保护的方针、政策和法规等，从而提高广大指战员、职工对环境保护工作重要性的认识，增强责任感、紧迫感和自觉性，养成人人关心环境、人人保护环境的良好风尚，为做好军队环境保护工作奠定坚实的基础。

2．经常教育

军队环境保护工作是军队全面建设的重要组成部分。通过开展军队有关条令、条例的经常性学习，可以加深官兵对军队环境保护工作相关规定和要求的认识，使官兵对军队环境保护工作的重要性有更深的理解。

3．多种形式的专业培训

除上述教育形式外，军队还在军事院校、科研单位开展专业的环境保护教育，如开设专门的环境保护专业，或在有关专业中设立环境保护课程，培养学员掌握环境污染防治、生态环境保护的基本知识和必要技能，从而使他们在军队环境保护工作中发挥作用，保证军队环境保护工作的顺利开展。另外，军队还开展定期培训，如在职岗位继续教育，或者结合某一种环保新技术或新的环保制度，用举办培训班的方式进行针对性岗位训练。

（二）技术手段

环境管理的技术手段是指管理者为实现环境保护目标，在环境治理、环境监测、环境预测、环境评价、环境决策、分析测试等方面所采用的技术，以达到强化环境监督的目的。技术手段具有规范性特征，在操作和应用过程中必须严格遵循技术要求和技术规程。运用现代科学技术方法是实施军队环境管理的一项重要手段。技术手段种类很多，常用的主要有以下几种方式。

1．环境监测

军队环境监测的重点是针对军队所属单位的污染源及排污口进行经常性监测，了解和掌握军队系统或本单位的主要排污设施、排污特性及排放次数，按照国家和军队有关标准评定环境质量，并进行比较、分析，找出该地区的主要环境污染源、主要污染物种类及数量，从而确定重点防治对象，为军队系统或单位的环境治理工作服务。军队环境监测是开展军队环境管理和营区环境科学研究的基础，是制定军队环境保护法规、标准、环境污染防治对策的重要依据，也是搞好环境监测评价活动的中心环节，为军队环境管理提供技术支持、技术监督和技术服务。

2．编写环境质量报告书

环境质量报告书是环境管理部门重要的决策依据，在其编写过程中要采取多种技术手段和措施，如在掌握环境监测资料以及相关的经济、社会、地质水文、气象等诸多资料的基础上，进行综合分析和计算，对环境质量现状做出评价，并找出环境质量变化的趋势。

3．组织开展环境影响评价

环境影响评价是一项综合性的科学技术工作。军队环境管理部门不仅要对可能产生环境影响的军事设施建设项目做好环境影响评价的组织和评价文件的审批工作，而且要对产生污染物的设备、设施、装备等对环境造成的影响做出全面评价。

4．总结、交流环境污染防治技术

环境管理部门要经常组织总结和交流各单位的污染防治技术，如电镀废水处理技术、医院污水处理技术、消烟除尘技术等，广泛采用新技术，以促进污染防治工作，并协助有关部门进行生产工艺分析、军事活动流程分析、物料衡算等，从管理、设备使用、技术更新等方面控制污染物的排放量。同时，还应组织进行环境科研创新、开展科技情报交流，与军内外、国内外进行环境科学技术的合作等，以此将军队环境管理建立在科学、可靠、先进的原则之上。

（三）行政手段

行政手段是军队环境管理工作最常见的一种手段。所谓行政手段，就是军队各级机关根据国家的有关法律、法规、政策等，制定有关军队环境保护的方针政策、规范、标准等，并在此基础上做好监督协调工作，进行计划指导和必要的行政干预，对各项管理事项进行决策。用行政手段对环境保护工作进行管理的形式，在军队中也适用。具体有以下几种形式。

1．实施业务领导

军队各级首长和机关应当加强对环境保护工作的组织和领导，健全环保组织机构，保障必要的环保经费，这是军委对军队环境保护工作的一贯要求。军队环境保护工作是在党委领导下，由各级环保绿化委员会负责组织实施，办事机构设在基建营房部门（即军事设施建设部门），按照中国人民解放军环保绿化委员会的要求，军政首长亲自抓、负总责。各级党委和首长要定期听取环保工作的汇报，研究、部署环境保护相关工作，组织制定环境保护工作计划并进行指导检查，发现问题及时解决；对贯彻执行国家、军队和上级部门有关环境保护的方针和决定提出具体的意见和建议，召开工作会议以形成会议纪要或制发相关文件，要求所属单位和部门具体执行；同时，向上级组织和领导部门定期或不定期地做报告。

2．落实目标管理责任制

军队单位依法保护和改善军事区域环境质量，对其所管理和使用区域的环境质量负责，是《中华人民共和国环境保护法》的基本要求。各单位要建立严格的环保工作责任制，形成层层抓落实的工作局面。各单位主要负责人要对所辖区域的环境质量负总责，并就任期内要达到的环保目标与上级主管部门签订责任书，立下“军令状”，并定期公布实施进度和效果，自觉接受上级有关部门和单位全体官兵的检查和监督，确保环保目标的全面实现。在考核单位工作和主官的政绩时，要把环保工作情况作为考核的重要内容，成绩突出的要大力表彰，工作失职的要追究责任。

3．落实严格的奖惩制度

对在军队环境保护工作中取得突出成绩的单位和个人，依照《中国人民解放军纪律条令》的有关规定给予奖励，主要是以精神奖励为主，也可视情况给予一定的物质奖励。

对造成污染事故或污染严重、长期不治理的单位进行通报批评和法律规定的经济罚款，对责任者采取行政措施，进行行政处分、经济罚款或追究刑事责任。行政措施包括限期治理、搬迁，或者令其“关、停、并、转”等。当然，需要慎重地使用这些行政措施，并且要根据具体情况处理。例如，对某些严重扰民、危害大，经过努力可以治理的污染源、污染物，可以通知其限期处理；特别严重的应通知其停止活动，并及时治理；根本无法治理的则令其“关、停、并、转”。对由污染造成的人身或财产上的损失，由排放污染物的单位赔偿污染损失；对生态环境造成破坏的，由破坏单位负责修复等。

（四）法制手段

环境管理的法制手段是指管理者代表国家或军队，依据有关环境法律、法规所赋予的并由国家强制力保证实施的权力，对人们的行为进行管理以保护环境。法制手段是环境管理的一个最基本的手段，是其他手段的保障和支撑，也称为“最终手段”。法制手段具有强制性、权威性、规范性、共同性和持续性等特征。

环境保护法律同其他法律一样，对所有单位和个人都具有普遍的约束力。因此，法制手段是环境管理的一种强有力的手段。对于军队来说，不仅要遵守国家的环境保护法律，还要遵守军队的环境保护法规，执行各军兵种关于环境保护的各种规定和标准，对守法者给予奖励，对违法者给予处罚，从而使法制手段正确地运用在环境管理工作中。

1．健全完善法规制度

环境保护法规是强化环境监督、控制环境污染的重要手段之一，在加强环境管理建设方面起着十分重要的作用。我国军事环境保护工作虽然起步稍晚，但经过多年的努力，我军已是世界上制定军事环保专项法规制度较多的国家，目前已基本形成由环保条例、规章制度和环境标准及规范组成的具有明显特色的环境保护法规体系，从而为军队环境保护与生态建设的顺利开展奠定了坚实的制度基础，对规范军队环境保护工作，促进军事环境保护管理和污染防治的规范化、法制化发挥了重要作用。

2．严格执法监督

依法治军是我军在军事环境保护领域中必须坚持的基本方略。在军事环境管理中，军队环境保护部门应切实担负起法律赋予的责任，依据相关法律、法规、条令、条例行使执法权和监督权，对军队环境保护工作实行严格的监督管理，确保将军事活动带来的环境影响降到最低。在发生环境保护纠纷时，对纠纷双方的责任、权利和义务严格依照法律规定予以调解和仲裁，避免出现更大的矛盾。

3．严格依法惩戒

对违反环境保护相关法律、条例、规定，污染和破坏环境，危害人民健康的军事单位和个人，按法律规定给予批评、警告、罚款，或者责令赔偿损失。对于被追究行政责任和经济责任的单位和个人，军队环境管理部门可以直接处理。对严重污染和破坏环境，引起人员伤亡、造成重大损失的单位的领导与直接责任人员，军队环境管理部门要提出具体的意见，配合司法部门依法追究刑事责任。

第二章　军队环境管理体制

军队环境管理体制是基建营房管理体制的组成部分。科学合理的环境保护管理体制，是军队环境保护工作正常运行的重要保证。经过多年的发展，我军的环境管理已经形成相对完善、规范的体制，按照要求设立了完善的管理机构，形成了多层次、综合性的管理模式，建立了一支基本满足军队环境保护要求的环境管理队伍，在宏观控制的基础上，调动了军内各方的积极性，协调了各方的关系，取得了不错的成绩。

第一节　军队环境管理体制概述

一、我军环境保护管理机构的变迁

军队环境保护管理机构是有效开展军队环境保护的前提，管理机构的落实使军队环保工作有统一的组织、领导、指挥和技术支持中心。

军队环境保护管理机构的设置模式是在国家环境保护管理体制的基础上形成的。第一次全国环境保护会议后，1974 年 10 月，国务院组建了一个由 20 多个部委负责人组成的国务院环境保护领导小组，下设办公室。1982 年 5 月，第五届全国人大常委会第 23 次会议决定组建城乡建设环境保护部，部内设环境保护局，负责全国的环境保护工作。1984 年 12 月，国务院决定将当时设在城乡建设环境保护部的环境保护局改为国家环境保护局，并明确其可以独立行文或与其他部门联合行文，对全国的环境保护工作实施监督管理。1988 年 7 月，将环保工作从城乡建设部分离出来，成立独立的国家环境保护局（副部级）。1998 年，根据《国务院关于机构设置的通知》（国发〔1998〕5 号）和《国务院办公厅关于印发国家环境保护总局职能配置内设机构和人员编制规定的通知》（国办发〔1998〕80号），国家环境保护局升格为国家环境保护总局。据此，军队也建立了相应的环境保护管理机构。中国人民解放军的环境保护管理工作机构始于20世纪70年代初，早期分为两个机构：中国人民解放军环境保护委员会和中国人民解放军绿化委员会。

（1）中国人民解放军环境保护委员会：1973年3月成立了总后勤部“三废”（废气、废水、废渣）治理领导小组及办公室；1976年12月成立了中国人民解放军环境保护领导小组及办公室，国防科工委及各军种、兵种、军区也成立了相应的机构；1985年6月，在总后勤部和各军区、军种、兵种及国防科工委的基建营房部门中设置了环保绿化处，初步形成了军队环境保护管理体系；1986年3月，中国人民解放军环境保护领导小组改名为中国人民解放军环境保护委员会；1990年7月颁布的《中国人民解放军环境保护条例》明确了军队各级环保管理机构的职责分工。中国人民解放军环境保护委员会办事机构设在总后勤部基建营房部，下设全军环境监测机构，统一领导、监督管理全军环境与监测工作。总参谋部、总政治部、总后勤部、总装备部及各军区、军种、兵种设立了环境保护委员会，办事机构设在本级基建营房部门，下设相应的监测机构，对本系统的环境保护工作实施监督和管理。集团军、省军区、军区空军和军级基地及后勤分部设立了环境保护委员会，其日常工作由本级营房部门负责；部队师、团级单位，由后勤营房部门指定人员负责本单位的环境保护工作。

（2）中国人民解放军绿化委员会：军队负责绿化工作的机构，包括中国人民解放军绿化委员会、军队团以上单位各级绿化委员会（含绿化领导小组）。中国人民解放军绿化委员会于1982年3月3日成立，由主任、副主任和委员组成。各届副主任委员和委员分别由总参谋部、总政治部、总后勤部、总装备部、海军、空军、二炮及总参军务部、总政宣传部、总后基建营房部等有关部门的领导担任。中国人民解放军绿化委员会办公室设在总后勤部基建营房部，配备专职干部，负责绿化工作的日常事务。各级绿化委员会均在基建营房部门设立了相应的办事机构，其基本职责包括：贯彻落实党和国家关于植树造林、绿化祖国的一系列方针政策；统一组织、领导、协调部队义务植树和营区植树造林绿化工作；进行宣传教育、规划制定、苗木培育、技术培训、检查指导、经验总结、典型推广、管护奖惩等。

1996 年 1 月，中国人民解放军环境保护委员会和中国人民解放军绿化委员会合并，成立中国人民解放军环境保护绿化委员会。

二、我军当前的环境保护管理机构及职能

（一）机构设置

中国人民解放军环境保护工作的领导机构是中国人民解放军环保绿化委员会，该委员会设有主任、副主任和若干委员，主任由中央军委委员、总后勤部部长担任，副主任由总参谋部、总政治部、总后勤部和总装备部各一名副职领导担任，委员由各军种、各兵种、各军区、武装警察部队有关领导以及四总部有关业务部门领导担任。部队团级以上单位环保绿化委员会在同级党委的领导和上级环保绿化委员会的指导下，组织领导本单位的环境保护工作；委员会成员的组成基本上与中国人民解放军环保绿化委员会成员单位相对应。总后勤部基建营房部是全军环境保护工作的业务主管部门，也是中国人民解放军环保绿化委员会的办事机构，负责中国人民解放军环保绿化委员会办公室的工作。团级以上单位后勤（联勤）机关基建营房部门是本单位环保绿化工作的业务主管部门，也是本单位环保绿化委员会的办事机构，负责本单位环保绿化委员会办公室的工作。

中国人民解放军环保绿化委员会依托总装备部防化研究院、总装备部司令部工程设计研究总院、军事医学科学研究院、中国人民解放军理工大学、中国人民解放军后勤工程学院，分别设立了中国人民解放军环境保护科学研究中心、中国人民解放军环境保护工程设计与研究中心、中国人民解放军环境保护监测研究中心、中国人民解放军环境保护宣传教育中心和中国人民解放军环境影响评估中心等环境科研机构。全军和各军区级单位以及重点区域、重点单位建立了环境监测机构。

（二）职责分工

军队环境保护工作实行统一监督，分工负责。

1．环保绿化委员会

《中国人民解放军环境保护条例》第八条规定，全军环保绿化委员

会在中央军委领导下，统一规划、指导和协调全军环境保护工作，履行下列职责：（一）组织审查全军环境保护工作中长期计划，审定全军环境保护工作年度计划，指导全军开展环境保护工作；（二）总结全军环境保护工作，推广环境保护工作经验，表彰先进；（三）协调解决军队环境保护工作中的重大问题，监督有关机关和部门履行环境保护工作职责；（四）中央军委赋予的其他职责。中国人民解放军环保绿化委员会的地位和性质，决定了它的主要职责就是负责军队环保重大决策性事项。

中国人民解放军环保绿化委员会是中央军委关于军队环境保护管理的一个专门组织，它不隶属于任何一个总部或机关，而是中央军委在环境保护方面的议事和协调机构，代表军委对军队环境保护工作实施组织和领导。中国人民解放军环保绿化委员会是一个非常设机构，其一般工作制度包括：原则上每年召开一次全会，研究、审议重大的环保与绿化问题，对于临时性的重大问题，经主任批准可随时安排办公会议审议；根据例会的主题内容，适当安排有关单位和部门做典型经验介绍或工作汇报；委员会的成员单位要按照规定，围绕会议主题，报告对委员会决议事项的执行情况。委员会根据需要，组织或指定其办公室对各单位、各部门的环境保护工作进行监督检查，指导和推动全军环境保护工作。委员会的文件须经主任或主管的副主任签发。

《中国人民解放军环境保护条例》第八条还规定：团级以上单位环保绿化委员会在同级党委的领导和上级环保绿化委员会的指导下，组织领导本单位的环境保护工作，参照前款规定履行相应的职责。团级以上单位环保绿化委员会是同级党委关于环境保护工作的议事和协调机构，代表本级党委和首长对所属部门和单位的环境保护工作实施组织和领导，不隶属于任何一个部门。团级以上单位环保绿化委员会的一般工作制度和职责可以参照中国人民解放军环保绿化委员会的相关规定，但是在职责的规定上应当与其所处的单位级别相称，职责的履行范围应限制在本单位或者本系统。

比照中国人民解放军环保绿化委员会的设置和成员组成，团级以上单位环保绿化委员会的委员应当由本级的司令及政治、后勤和装备机关的分管首长、有关业务部门的领导同志兼任，主任委员一般由本单位主管首长兼任，副主任委员一般由司令或后勤首长兼任。团级以上单位环保绿化委员会的设置和组成由本级党委批准，报上一级单位环保绿化委员会备案。

2．基建营房部门

《中国人民解放军环境保护条例》第九条规定，总后勤部基建营房部是全军环保绿化工作的业务主管部门，也是全军环保绿化委员会的办事机构，负责全军环保绿化委员会办公室的工作，在环境保护工作方面，履行下列职责：（一）拟制全军环境保护工作中长期计划和年度计划，并监督执行；（二）组织实施对全军环境保护工作的执法监督与管理；（三）归口管理全军环境污染防治工程建设和生态恢复工作；（四）组织指导全军环境保护的宣传教育和业务培训工作；（五）组织指导全军环境保护科学技术研究、技术服务、技术交流与合作；（六）负责全军环境保护信息系统和环境监督监测网络的建设与管理；（七）组织指导全军环境影响评价工作，审批重大工程建设项目环境影响评价文件；（八）组织或者参与军队重大环境污染事故的调查处理工作；（九）协同有关部门组织协调军队参加国家和地方重大环境污染事故应急工作；（十）协调与国家环境保护主管部门的有关业务工作；（十一）上级赋予的其他职责。团级以上单位后勤（联勤）机关基建营房部门是本单位环保绿化工作的业务主管部门，也是本单位环保绿化委员会的办事机构，负责本单位环保绿化委员会办公室的工作，在环境保护工作方面，参照前款规定履行相应的职责。

3．有关业务部门

《中国人民解放军环境保护条例》第十一条规定：各级司令、政治、后勤（联勤）、装备机关的有关部门，应当在本级环保绿化委员会办公室指导下，按照职能分工，履行有关环境保护的职责，制定并落实本部门、本系统保护环境、防治污染的具体办法，做好其主管业务中的环境保护工作。

上述各级司令、政治、后勤（联勤）、装备机关的有关部门，主要是指各级的作战、训练、试验、装备、科研、修理、防化、技侦、安全、阵地、基地、仓库、卫生、油料、军交、工程、营房、港湾、机场等业务主管部门。这些部门都承担着与主管业务相关的污染防治任务，必须按照上述规定做好其主管业务中的环境保护工作。其主要职责包括：①组织拟制本部门、本系统保护环境、防治污染的规章制度；②组织指导本部门、本系统做好保护环境、防治污染工作，并进行监督检查；③组织开展相关环境影响评价工作；④组织开展本部门、本系统环境保护的教育培训、科学研究、技术服务、交流与合作；⑤参与军队环境保护信息系统和环境监测体系的建设与管理；⑥参与本部门、本系统相关污染防治设施的建设方案论证和竣工验收；⑦参与组织指导本部门、本系统环境污染事故的应急处置和调查处理等。

4．军队环境保护技术支持机构

（1）军队环境监督监测机构

《中国人民解放军环境保护条例》第十条规定，军队环境监督监测机构在本级环境保护业务主管部门的领导和上级环境监督监测机构的指导下，履行下列职责：（一）依法监督检查本单位、本系统和指定区域内军队单位的环境污染防治和生态恢复工作；（二）监测和评价本单位、本系统和指定的其他军队单位管理和使用区域的环境质量、环境污染源和生态环境状况；（三）对本单位、本系统和指定区域内军队单位的环境污染防治和生态恢复项目，进行技术审查和技术指导；（四）对本单位、本系统和指定区域内军队单位的有关工程建设项目执行环境保护制度情况实施执法监督，参加工程建设项目有关污染防治设施的竣工验收；（五）组织开展环境保护科学技术研究；（六）收集、整理环境保护信息，按照规定向有关部门报告；（七）参与环境影响评价文件的评审，监督有关环境保护措施的落实；（八）按照有关规定参与国家或者地方环境监测网络的有关工作；（九）上级赋予的其他职责。

军队环境监测机构由全军环境监测总站，各军区、各军兵种、各总部环境监测中心站以及一些区域站、单位站组成。在各级环保绿化委员会的领导下，对所有军队单位的军事环境保护工作依法进行监测和监督。

军队环境监测机构和人员必须按照国家和军队的规定，经考核合格，持证履行职责；所有军队单位的环境保护工作要服从其监测和监督。

20 世纪 80 年代以来，从总部至各大军区、军兵种，以及部分大城市、大型工厂等，都先后成立了军队环境监测机构。全军设立了工程与环境质量监督局，总部、军兵种、军区环境监测监督站，军队单位多的大中城市设立了环境监测地区站，环境保护重点单位设立了环境监测站、室，全军环境监测体系和网络初步建成。军队环境监测机构多数通过了军队和国家组织的资质考核、计量认证和实验室认可，取得了对军事设施环境质量和军队污染源的监测监督资格。各类环境监测报告制度日益健全，为保护军队单位的环境质量和维护军队的正当环境权益做出了贡献，为军队环境保护工作发挥了强有力的技术支持、技术服务和技术监督作用。

（2）军队环保科研机构

《中国人民解放军环境保护条例》第四十条规定：军区级以上单位的环保绿化委员会办公室应当组织指导有关科研、设计、教学和环境监测等单位的科研力量，跟踪军内外环境科技发展动态，开展环境保护科学技术研究，推广环境保护科学技术研究成果，促进环境科学技术协作与交流，提高军队环境保护科学技术水平。军区级以上单位的相关科研主管部门，应当将环境保护科学技术研究纳入工作规划。

上述规定明确了军队环保科研机构的主要任务：①开展环境科学基础理论研究，摸清环境因素对人体健康和生物、土壤等的影响规律；②开展军队特色的环境科学及其理论研究，摸清军事活动、军事设施和军事装备对环境的影响；③开展快速、准确、轻便的监测方法和监测仪器的研究，形成符合军队需要的环境监测监督和评价方法及装备体系；④开展军事环境污染防治技术和生态破坏控制技术研究，不断推出适合军队特殊需要的无害或少害的新工艺、新原料；⑤开展军队环境管理信息技术研究，逐步实现军队从污染调查登记与监测到环境预测、规划等的自动化、信息化管理；⑥跟踪研究国内外环境科技发展前沿，不断提升军队环境保护科技水平；⑦及时应用、推广科研成果，促进军内外环境科学技术的协作与交流等。

1987 年，在总后军事医学科学院成立了“全军环境保护研究监测中心”；1988 年，在总参防化研究院成立了“全军环境科学研究中心”。近年来，中国人民解放军环保绿化委员会依托总装备部司令部工程设计研究总院、中国人民解放军理工大学、中国人民解放军后勤工程学院，分别设立了中国人民解放军环境保护工程设计与研究中心、中国人民解放军环境保护宣传教育中心和中国人民解放军环境影响评估中心等环境科研机构。全军有关院校、科研机构、监测机构等也纷纷成立了环境科研所（室）等。目前，已在全军初步形成了一个军事环保科研网络。

全军军事环保科研工作在军队环保主管部门的统一组织、协调下，按照《中国人民解放军环境保护条例》的相关规定，开展了上述科研工作，并取得了多项科研成果。有的成果获得国家科技进步奖，有的成果代表国家参加了国际发明展览会，有的成果在国内居领先水平。全军军事环保科研工作的发展，为军队环境保护工作的有效开展提供了有力的技术支持和服务。

总体来看，经过多年的发展，我军已经建立了较为完善的环境管理体系，并形成了鲜明的特点：①行政领导和业务指导相结合。各级环境保护管理机构在行政上按建制属上下级关系，在业务工作上接受上级环境保护主管部门的监督和指导。②专业管理与部门管理相结合。军队环境保护和污染防治工作由环境保护主管部门统一监督指导，各业务部门在本级环保绿化委员会办公室的指导下，按照职能分工，负责组织实施。③实行四级环境监测网络。全军设立工程与环境质量监督局（一级站），总部、军兵种、军区设立环境监测监督站（二级站），军队单位多的大中城市设立环境监测地区站（三级站），环境保护重点单位设立环境监测站、室（四级站），形成了完整的军队环境监测体系。

第二节　军队环境管理制度

环境管理制度是指根据国家环境保护的法律、法规、方针和政策，对人们的环境保护行为进行具体规定。

一、环境管理制度的基本特征

1．强制性

作为一项管理制度，必须对行为的主体和客体双方具有约束力，要求人们必须按照制度规定的内容和范围来履行自己的职责。

2．规范性

作为一项管理制度，必然存在着相应的管理程序和管理办法。没有规范性，制度就无法操作和落实，人们在实践中就会无所适从。

3．可操作性

作为一项管理制度，必须将管理的目标、任务、要求和效果结合为一个有机的整体，有具体的内容、要求和实施步骤。

强制性、规范性和可操作性是管理制度必须具备的三个基本条件，缺一不可。例如，推行清洁生产和 ISO 14000 环境管理体系标准，由于它们尚不具备强制性特征，就只能将其视为重要的环境管理措施，而不能视为环境管理制度。再如，我们所熟知的“八项环境管理制度”，也与上述意义的管理制度是有区别的。其中的污染集中控制制度，实质上是一种可供选择的管理措施，该制度并没有明确规定在什么时候、什么条件下必须采用污染集中控制方案，也没有规定实施污染集中控制必须要遵循哪些程序和步骤，更没有规定不实施污染集中控制应当受到什么惩罚，因而其缺乏强制性、规范性和可操作性的特征。

二、环境管理制度的类型

目前，我国已出台了一系列的环境管理制度，分类的方法和类型也有很多。

1．按照制度的性质划分

（1）政策法规类。主要是指以环境政策、法规为基本依据和主要内容开展环境管理的制度。如建设项目环境保护审批制度，就是以国家的环境保护产业政策、行业政策等为基本依据和主要内容的管理制度；“三同时”制度，就是以国家环境法律法规为基本依据的管理制度。

（2）技术法规类。主要是指以环境技术法规为基本依据和主要内容开展环境管理的制度。如建设项目环境影响评价制度，就是以国家有关环境的法律法规为依据，以环境预测技术、决策技术为基本内容的管理制度。

（3）经济法规类。主要是指以国家有关经济法规为基本依据和主要内容开展环境管理的制度。如排污收费制度，就是以国家的环境经济法律法规为基本依据，以征收排污费为基本内容的管理制度。

（4）行政法规类。主要是指以行政法规和管理办法为基本依据，以行政管理为主要内容开展环境管理的制度。如环境保护目标责任制度、污染限期治理制度等，就是以行政法规为依据，以行政命令和行政手段为主要内容的管理制度。

2．按照制度的功能划分

（1）建设项目管理类。主要是指以建设项目管理为主要内容开展环境保护的微观管理制度，如环境影响评价制度、“三同时”制度等。

（2）污染控制管理类。主要是指以污染治理为主要内容开展环境保护的微观管理制度，如排污收费制度、污染限期治理制度、污染强制淘汰制度等。

（3）区域行政管理类。主要是指以区域行政管理为基本手段，以地方政府为执行主体开展环境保护的管理制度，如城市环境综合整治定量考核制度等。

3．按照制度的层次划分

（1）宏观管理制度。主要是指以强化宏观环境决策、促进经济增长方式转变为主要内容的管理制度，如环境与发展综合决策制度、污染强制淘汰制度、地方政府环境保护目标责任制度等。这类制度的执行主体是国家和地方政府。

（2）微观管理制度。主要是指以指导环境管理实践为目的，使环境管理部门可以运作和执行的环境保护的具体规定，如环境影响评价制度、排污许可证制度等。这类制度的执行主体是环境保护部门。

三、我军主要的环境管理制度

我国的环境管理制度大多数产生于20世纪70年代，并随着环境保护事业的发展而不断完善。军队环境保护作为国家环境保护事业的重要组成部分，在我国环境管理制度的基础上，经过不断发展，也形成了一系列符合我军特点和实际情况的环境管理制度。

1．环境影响评价制度

环境影响评价这个概念是1964年在加拿大召开的国际环境质量评价会议上被首次提出来的。环境影响评价制度主要是从技术角度体现“预防为主”的管理思想，对规划和建设项目进行前期、中期环境管理的制度。

我国于20世纪70年代引进了环境影响评价制度。1979年9月环境影响评价制度首先被写进《中华人民共和国环境保护法（试行）》。

20 世纪 80 年代，这项制度又被写进《中华人民共和国海洋环境保护法》《中华人民共和国大气污染防治法》《中华人民共和国水污染防治法》等单项环境保护法律。1998 年 11 月，该项制度又以独立的篇章被写进国务院发布的《建设项目环境保护管理条例》。2002 年 10 月 28 日，第九届全国人民代表大会常务委员会第三十次会议通过并颁布了《中华人民共和国环境影响评价法》。由此可见，环境影响评价制度是一种法律层面上的管理制度，在规划编制和建设项目的管理中，违反这项制度就是违法。

根据建设项目对环境的影响程度，国家对建设项目的环境影响评价实行分类管理。对环境可能造成重大影响的建设项目，要编制环境影响报告书，进行全面、详细的评价；对环境可能造成轻度影响的建设项目，要编制环境影响报告表，进行专项评价；对环境造成影响很小的建设项目，不需要进行环境影响评价，但必须填报环境影响登记表。

实施环境影响评价制度体现了国家从技术政策方面对新建项目提出的新要求和限制，强化了建设项目的环境管理。实施这一制度，要以环境科学技术、环境监测技术和环境预测技术为支撑，要对项目的排污标准、预防措施等提出明确、具体的要求和建议。目前，这一制度在地方的建设项目中执行较好。据统计，在国家大中型建设项目中，环境影响报告书的编报率已达到了 100%，而且编报的质量也在不断提高，很多报告书已成为项目决策的重要依据。

为了在军队的全面建设中落实环境保护基本国策，更好地体现和贯彻预防为主的环保工作方针，《中国人民解放军环境保护条例》第三十一条提出：军队环境保护实行环境影响评价制度。

军队环境影响评价的范围和基本要求包括：①编制军事、后勤和装备建设与发展规划，应当对规划事项可能造成的环境影响做出分析、预测和评估，提出预防或者减轻不良环境影响的对策和措施；②组织军事演习、装备试验、装备采购、报废装备处理和工程建设，应当按照规定进行环境影响评价。

考虑到环境影响评价制度的重要性、技术的复杂性和军队的特殊性、保密性等要求，为保证环境影响评价制度在军队更好地落实，我国颁布实施了《中国人民解放军环境影响评价条例》，该条例对环境影响评价制度在军队中的执行进行了详细的规定。

尽管我国颁布了相关规定等，但是在军队的建设项目中，环境影响评价报告的编写率还有待提高。主要原因是建设项目的管理程序与环境影响评价工作程序的结合还不够紧密，项目主管部门、项目建设单位、环境影响评价机构以及环保主管部门的责任和关系都不够明确，并难以协调。所以，亟待加强研究和完善，以保证这一重要制度在军队的有效贯彻执行。

2.“三同时”制度

这是20世纪70年代由我国首创的、以贯彻预防为主方针为目的的建设项目后期环境管理制度。“三同时”这一概念，是在1972年国务院批转的《国家计委、国家建委关于官厅水库污染情况和解决意见的报告》中最早提出的，1973年在《关于保护和改善环境的若干规定(试行草案)》中予以正式提出。1979年的《中华人民共和国环境保护法（试行)》对“三同时”制度做出了明确规定。所谓“三同时”制度，是指新建、扩建、改建项目和技术改造项目的防止污染及其他公害的设施，必须与主体工程同时设计、同时施工、同时投入使用的制度。它与环境影响评价制度相辅相成，是防止和减少新污染产生的两大“法宝”，是预防为主方针的具体化、制度化，通过将环境保护纳入基本建设程序，实现了经济与环保的协调发展，对控制环境污染起到了明显作用。“三同时”贯穿于工程建设的设计、施工和竣工验收三个阶段。

《中国人民解放军环境保护条例》第二十三条提出：新建、改建、扩建和技术更新改造的工程建设项目，应当贯彻执行国家和军队关于工程建设项目环境保护的有关规定，其防治污染的设施，应当纳入工程建设计划，与主体工程同时设计、同时施工、同时投入使用。

由于“三同时”立法的加强，其执行率也逐年上升。目前，国家大中型项目中的“三同时”执行率已近100%。但是，由于军队工程建设项目的资金因素制约和执法工作还比较薄弱，这项制度的执行情况还不够理想，是否执行“三同时”制度的项目界限还不是很具体，执法不严的现象还比较普遍，特别是对“三同时”设施的后期管理比较薄弱，环保设施的运转率不够理想。

3．环境保护目标责任制度

环境保护目标责任制度是一项依据国家法律规定，具体落实地方各级政府和有污染的单位对环境质量负责的行政管理制度。环境保护目标责任制度是一项综合性的管理制度，通过目标责任书，确定了一个区域、一个部门、一个单位环境保护的主要责任者和责任范围，运用目标化、定量化和制度化的管理方法，把贯彻环境保护这一基本国策作为各级政府和各级领导的政绩考核内容，纳入其任期目标，以推动环境保护工作的全面、深入发展。

环境保护目标责任制度是各项环境管理制度和措施的龙头，具有全局性的影响。环境保护目标责任制度的容量很大，既可以有环境质量指标，也可以有污染控制指标，还可以有为达到环境质量目标所要完成的工作指标；既可以将“老三项”制度作为管理内容纳入责任书，也可以将其他环境管理制度作为管理内容纳入责任书，还可以将有关的环境保护措施纳入责任书。因此，重点抓好环境保护目标责任制的落实，可以获得牵一发而动全身的效果。

实施环境保护目标责任制度，就是要将各级政府行政首长和单位法人代表依照法律应当承担的环境保护责任和义务，用责任制的形式固定下来，并把它引入环境管理的一种特有的环境管理模式。环境保护目标责任制度一般具有明确的时间和空间界限，一般以任期为时间界限，以单位所辖地域为空间界限；有明确的环境质量目标、定量要求和可分解的质量指标；有明确的短期工作指标；有配套的措施、支持保证系统和考核奖惩办法；有定量化的监测和控制手段等。

实施环境保护目标责任制度，有利于加强各级领导对环境保护工作的重视和支持，在决策层次落实“三同步、三统一”的环境保护方针；有利于协调各部门的工作，调动各方积极性，齐抓共管，改变仅靠环保部门孤军作战的局面；有利于强化环保部门的监督管理职能，把环保工作由软任务变成硬指标，促进环境保护管理向科学化、定量化和规范化转变；有利于促进由单项治理、分散治理向区域综合治理的转变，实现大环境的改善；有利于建立环境与发展的综合决策和公众参与机制等。

实施环境保护目标责任制度是一项复杂的系统工程，涉及面广，政策性和技术性强。第一，要抓好责任书的编写。为此，环保部门要组织有关部门和单位，在充分调查研究和协商论证的基础上，根据环境目标的要求，确定实施责任制的原则，提出各项指标的具体内容和标准，拟制出责任书的具体条款，呈报环保绿化委员会或首长办公会审定。第二，要抓好责任书的下达。责任书编写完成后，最好以较为正规的形式，举行责任书的签字仪式，把责任目标正式下达，并将各项指标逐级分解，层层建立责任制，使责任落实、措施落实、任务落实。第三，要抓好责任书的实施。在各级党委和首长的统一领导下，责任单位要认真按照各自承担的任务，采取有效措施，分头组织实施，环保部门及有关部门要定期进行检查和协调，以保证责任目标的完成。第四，要抓好责任书执行情况的考核。责任书期满，各级单位应先进行自查，然后环保主管部门要组织力量，对责任目标的完成情况进行严格的考核，并根据考核结果兑现有关奖惩措施。

实施环境保护目标责任制度，也是军队环境保护管理的一种重要形式。《中国人民解放军环境保护条例》第七条规定：军队各级首长和机关应当加强对环境保护工作的组织领导，建立并落实环境保护目标管理责任制，教育督促机关部门、所属单位依法保护其管理和使用区域的环境。全军环境保护委员会从20世纪80年代开始，在每个五年计划开始时，都要与各大单位的主管首长举行责任书的签字仪式。而后，各级单位都要根据责任书的内容，进行层层分解和再签订责任书，落实责任内容。但由于在抓考核的环节上力度还不够大，实行责任制的效果也受到了一定影响，因此有待加强。

4．排污许可证制度

排污许可证制度是20世纪80年代末从国外借鉴来的、对污染排放权进行交易管理的制度。它是以污染物总量控制为基础，对排污的种类、数量、性质、去向、方式等的具体规定，是一项具有法律含义的行政管理制度。

排污申报登记是实施排污许可证制度的基础性工作。污染物排放申报制度是指向环境排放污染物的单位，应按照《中华人民共和国环境保护法》的规定，向所在地环境保护行政主管部门，申报登记在各种活动中排放污染物的种类、数量和浓度，污染物排放设施、处理设施运行情况和其他防治污染的有关情况，以及排放污染物发生重大变化时的及时申报制度。凡在中华人民共和国领域内及中华人民共和国管辖的其他海域内直接或间接向环境排放污染物，产生工业和建筑施工噪声或者固体废物的企业、事业单位，必须按照《排放污染物申报登记管理规定》和所在地环境保护行政主管部门指定的时间，填报《排污申报登记表》，并按要求提供必要的资料，进行申报登记；新建、改建、扩建项目的排污申报登记，应在项目的污染防治设施竣工并验收合格后的一个月内办理。县级以上政府的环境保护行政主管部门，对排污申报登记实施统一监督管理；排污单位的行业主管部门，负责审核所属单位排污申报登记的内容。排污单位申报登记后，排放污染物的种类、数量、浓度、排放去向、排放地点、排放方式，噪声源种类、数量、强度和污染防治设施，或者固体废物的储存、利用、处置场所等需做重大改变的，应在变更前15天内，经行业主管部门审核后，向所在地环境保护行政主管部门履行变更申报手续，征得所在地环境保护行政主管部门的同意，填报《排污变更申报登记表》；发生紧急重大改变的，必须在改变后3天内向所在地环境保护行政主管部门提交《排污变更申报登记表》。

确定污染物排放总量控制指标，分配污染物总量削减指标，是实施排污许可证制度的核心。这就要求各级环保行政主管部门，在对当地的环境容量、环境目标、经济发展、财政实力、治理技术等因素综合考虑和科学分析的基础上，确定污染物排放总量控制指标，合理分配污染物削减指标。在总量控制指标的分配时，通常采取以下几种方法。

（1）最优组合治理方案分配法。即在保证环境功能和目标的前提下，运用系统分析法，通过优化组合，确定最佳分配方案。

（2）等比例分配法。即以现状排污量为基础，根据污染源评价中的排污分担率，按相同比例，确定各污染源的总量控制指标。

（3）加权分配法。即由总量控制指标值和现状排污总量，确定污染物削减总量，然后按控制单元的环境目标、各污染源的现状排污总量的比重分配。

（4）指标有偿分配法。即以排污收费和污染治理费用为依据，确定排污指标价格，实行有偿分配。

（5）行政协调分配法。即根据实际情况，经与排污单位协商，运用行政手段进行指标分配等。

目前，地方政府在国内外相关政策的指导下，已经开展了主要污染物排放权交易制度的探索。如重庆市政府先后出台了《重庆市主要污染物排放权交易管理暂行办法》（渝办发〔2010〕247 号）、《重庆市人民政府办公厅关于印发重庆市进一步推进排污权（污水、废气、垃圾）有偿使用和交易工作实施方案的通知》（渝府办发〔2014〕178 号）等，将二氧化硫、氮氧化物、化学需氧量、氨氮等主要污染物纳入排放权交易，由政府组织交易平台进行管理，企业在该平台进行上述污染物的排放权交易。

审核发证是实施排污许可证制度的重要形式。排污许可证的审批，主要是对排污量、排放方式、排放去向、排放口位置、排放时间等予以明确和规定。排污单位必须依据许可证的规定，实施污染物排放，而且必须与批准的总量控制指标保持一致，并注意留有余地。排污许可证的颁发是一件很严肃的事情，应当采取公开、公正的形式。

严格监督是保证排污许可证制度效果的关键。环保部门要建立健全、高效的管理体系，制定并严格执行相应的管理制度，使总量控制指标的监测工作规范化，抽查监督工作制度化，确保排污许可证制度发挥应有的作用。

《中国人民解放军环境保护条例》第二十七条规定：排放污染物的单位应当按照规定申报登记；具体办法由总后勤部制定。目前，军队已开始推行这项制度，并开展了军队的重点污染源排放申报登记工作。但是，由于我国的排放权交易制度和政策还不够完善，实施污染总量控制难以推进，致使军队对这项制度的推行还处于试验阶段。近期主要是从实际出发，继续扩大试点，摸索经验，做好准备，积极配合当地政府做好这项制度的落实。

根据国家的有关规定和一些地方的试点经验，主管部门正在研究和拟制相关办法。军队单位执行污染物排放申报登记制度，可先由小到大，由重点到一般，由主要污染物到一般污染物逐步展开试点。有下列情况之一者应被列为首批申报单位：排放水污染物数量多、污染严重的排污单位；位于国家重点环境保护区域内的排污单位；为实现特定环境保护目标需要申报登记的单位。下列污染物必须列为重点申报的污染物：以有机物污染为主要控制对象，全国均应申报登记化学需氧量（COD）；

对本地区或特定水域有突出影响的污染物；为实现特定环境保护目标需要申报登记的污染物。

5．污染限期治理制度

污染限期治理是以污染源调查评价为基础，以环境保护规划为依据，突出重点，分期、分批地对特定区域内的重点环境问题采取限定治理时间、限定治理内容和限定治理效果的强制性措施，是为了保护人民的利益对排污单位采取的法律手段。被限期的单位必须依法完成限期治理任务。污染限期治理制度是环境管理中最为有效的行政管理制度。

限期治理项目的确定要考虑需要和可能两个因素。限期治理项目确定的原则主要是：要以污染源调查评价为基础，以环境保护规划为依据；要坚持强制与自愿相结合的原则；必须从实际国情、军情出发，实事求是，先易后难，既要考虑环境保护的需要，又要考虑实施的可能。对治理工艺和技术不过关的、治理资金难以落实的项目，不能硬性或勉强列入限期治理项目；必须坚持“三个效益”相统一的原则；必须坚持“谁污染、谁治理”的原则，限期治理的资金主要由造成污染的单位承担。

限期治理的重点是：污染危害严重，群众反映强烈的污染物、污染源；位于环境敏感区、污染物排放超标的污染源；区域或水域环境质量十分恶劣、有碍观瞻、损害景观的环境综合整治项目；污染范围较广、污染危害较大的行业污染项目以及其他必须限期治理的污染项目等。

限期治理主要有三种类型：一是区域限期治理，是指对污染严重的区域或流域实施的限期治理，如淮河流域、太湖流域的限期达标排放等；二是行业限期治理，是指对污染范围广、危害大的行业性污染实施的限期治理，如造纸行业污染限期治理、化工行业污染限期治理等；三是点源限期治理，是指对污染排放源进行的限期治理，如对某废水污染源进行限期治理、对某废气污染源进行限期治理等。在这三种限期治理中，点源限期治理是最基本的形式，是其他限期治理的基础。无论是区域限期治理，还是行业限期治理，最后都要落实到点源限期治理。但这并不意味着点源限期治理可以代替其他形式的限期治理。实际上，这三种形式的限期治理是相互促进、相互影响、相互补充的关系，缺一不可。没有点源限期治理，其他形式的限期治理就失去了基础。没有其他形式的限期治理，点源限期治理的作用就无法发挥。所以，在环境污染治理的实践中，要善于将这三种形式的限期治理有机结合起来，以充分发挥地方政府、行业和单位的积极性，明确和落实各自的环境责任。

限期治理不仅是单纯的污染物、污染源的治理，它还应当包括限期调整工农业布局，限期调整产业结构、能源和原材料结构，限期在技术改造的同时解决污染问题等。

《中国人民解放军环境保护条例》第二十六条规定：排放污染物超过规定标准的单位，应当制定治理计划，采取有效措施进行治理。对环境造成严重污染的，其所在的军级以上单位环境保护业务主管部门应当做出责令其限期治理的决定；被限期治理的单位，必须按时完成治理任务。

根据国家和军队有关法律法规的规定，军队需要实行限期治理的重点污染源和主要污染物包括：污染危害严重，群众反映强烈，治理后对改善环境质量、解决军地矛盾、保障社会安定有较大作用的污染源项目以及汞、镉、铬、砷、铅、镍等污染物；位于居民密集区、水源保护区、风景游览区、自然保护区、温泉疗养区、城市上风向等环境敏感区，污染物排放超标、危害官兵和驻地群众健康的污染单位；有碍观瞻、损害景观的污染源；污染范围较广、污染危害较大的行业性污染项目，如对消耗臭氧物质的设备、装备的限期淘汰等；其他必须限期治理的重大环境污染事故等。

6．污染集中控制制度

根据国外的经验和对环境工程的费用-效益分析，走污染控制社会化的道路，由社会为污染治理提供有偿服务，单位按其排污性质和数量，向社会缴纳污染治理费用。这种由社会为污染治理提供有偿服务的办法称为污染集中治理。如城市集中供热、建立集中的污水处理厂统一处理城市生活污水、建设垃圾填埋场统一处置城市生活垃圾等。

实施污染集中控制可以减少污染治理费用，提高治理效果。但是，污染集中控制要以较为完善的城市基础设施为前提，以较为先进、可靠的科技手段为支撑，以城市的综合经济实力为基础。而且，对于一些数量不大，但危害严重、不便集中控制的污染源和污染物，以及远离城镇的大型企业等，还必须以单独的点源治理为主。

污染集中控制制度在军队环境保护管理中也有相应的规定。《中国人民解放军环境保护条例》第二十五条规定：产生环境污染的单位应当尽量利用和依托社会相关设施，采用减污效果好、废弃物综合利用率高、管理方便的处理技术和工艺，治理污染。

7．污染强制淘汰制度

污染强制淘汰制度是指国家以调整产业结构、促进经济增长方式转变、防止环境污染等为目的，定期公布严重污染环境的工艺、设备、产品或者项目名录，并通过行政和法律的强制措施，限期禁止其生产、销售、进口、使用或者转让的一种管理制度。这项制度 1995 年就被写入《关于修改〈中华人民共和国大气污染防治法〉的决定》，并被先后写入《中华人民共和国大气污染防治法》《中华人民共和国固体废物污染环境防治法》《中华人民共和国水污染防治法》《中华人民共和国环境噪声污染防治法》《中华人民共和国节约能源法》等法律。1996 年以来，这项制度在限制和取缔造纸、制革等“十五小”以及流域、区域污染防治工作中发挥了巨大作用，有效促进了产业结构的调整，在转变经济增长方式过程中显示出强大的威力。

污染强制淘汰制度是一项宏观管理制度，执行的主体是各级政府、行业和产业主管部门，环保部门只能履行有效但有限的执法监督职责。随着国家环境保护事业的发展和法制建设的不断完善，污染强制淘汰制度对解决我国的环境污染问题，将会发挥越来越重要的作用。

污染强制淘汰制度在军队环境保护管理中也有相应的规定。《中国人民解放军环境保护条例》第二十四条规定：各单位应当合理利用资源、能源，按照规定淘汰污染严重的设备和技术，防止或者减少军事设施、装备、军事活动等产生的废气、废水、固体废物、粉尘、放射性物质、噪声、振动、电磁波辐射以及光、热和生物等对环境的污染和损害。

8．环境污染报告制度

环境污染报告制度是指因发生事故或者其他突发性事件，造成或者可能造成污染与破坏事故的单位，除了必须立即采取措施进行处理外，还必须及时通报可能受到污染危害的单位和居民，并且向当地环境保护主管部门或有关部门报告，接受调查处理，以及当地环境保护主管部门向上级主管部门和同级人民政府报告的制度。它是防止环境污染或破坏事故的发生，以及防止事件发生后污染或破坏后果扩大的有效措施，有助于可能遭受事故危害的居民及有关主管部门及时了解真相并采取有效措施，有利于正确判断污染情况，及时了解案情。

《中国人民解放军环境保护条例》第三十四条规定：各级环保绿化委员会应当定期向同级党委和上一级环保绿化委员会报告环境保护工作情况。各单位环保绿化委员会办公室，应当定期向官兵通报环境保护工作情况和环境质量状况，并接受官兵的监督。

军队环境保护工作要与部队全面建设相协调，并要将其纳入军队建设与发展计划。报告环境保护工作情况就是争取将其纳入部队全面建设的重要途径。环保部门只有认真按照规定的要求，及时、准确地向党委、首长报告环境保护工作的情况，引起党委的高度重视，真正将环境保护工作纳入党委的重要议事日程，调动单位主管首长的积极性，才能有效组织多部门协同工作，才能真正将环境保护工作纳入军队建设与发展计划，实现环境保护工作与部队全面建设的协调发展。

除此之外，军队环境污染报告制度还包括排污单位要对本单位的污染源管理情况、污染物排放情况等，按规定向所属军队环境保护主管部门和监测机构定期报告的要求。

9．环境保护现场检查制度

环境保护现场检查制度是关于环境保护部门和有关监督管理部门，对管辖范围内的排污单位进行现场检查的一整套措施、方法和程序的规定。它是环境管理的重要制度，也是环境执法的重要手段之一。它能够促使排污单位依法加强环境管理，积极采取污染防治措施，减少污染物的排放，消除污染事故隐患，并可以使环境管理机关及时发现和处理环境违法行为。它的法律依据是《中华人民共和国环境保护法》《中华人民共和国海洋环境保护法》《中华人民共和国水污染防治法》等的相关条例。

环境保护现场检查制度的主要特征是：

（1）检查主体和内容的特定性。从事环境保护现场检查的机构只能是法定的行政机关或者授权的环境监测监督机构，如县级以上人民政府的环境保护行政主管部门，海洋、渔政、军队等依法行使环境监督管理权的部门，未经法律、法规授权的机构无权进行现场检查。其检查的内容也必须是法定的、与环境保护有关的事项。

（2）检查行为的强制性。环境保护现场检查是一种单方的行政行为，进行现场检查不需要取得被检查单位的同意。对拒绝现场检查的单位和个人可以给予行政处罚。

（3）检查范围的固定性。检查机构只能对管辖范围内的单位和个人进行检查，而不能对管辖范围以外的单位和个人进行检查。

（4）检查时间的随机性。检查机构可随时对排污单位进行现场检查，不必事先通知被检查单位。

被检查单位有义务接受检查，落实检查单位提出的有关要求，如实反映情况，提供排污和其他必要的资料，主要包括：污染物排放情况；污染治理设施的运行、操作和管理情况；监测仪器、设备的型号、规格以及校验情况；采用的监测分析方法和监测记录；限期治理的情况；事故情况及有关记录；与污染有关的生产工艺、原材料使用方面的资料；其他与污染防治有关的情况和资料。被检查单位应当坚决落实检查机构提出的整改要求和建议；被检查单位有权要求检查机构的检查人员出示检查证件，对不出示检查证件的人员，被检查单位可以拒绝检查。

《中国人民解放军环境保护条例》对该项制度在军队环境保护工作中的落实做了明确要求。该条例第三十二条规定：团级以上单位环境保护业务主管部门应当按照有关规定，对所属单位执行有关环境保护法规、环境保护与建设和环境污染防治的情况依法进行监督、检查。被检查单位必须如实反映情况，落实检查单位提出的有关要求。

10．环境监测制度

环境监测是指在一定时间和空间范围内，间断或不间断地测定环境中污染物的含量和浓度，观察、分析其变化以及对环境的影响的全过程工作。环境监测的对象大体上可以分为污染源和环境质量状况两个方面。环境监测具有十分重要的作用，它是评价环境状况和预测环境影响的前提；是制定、实施环境法规、标准和进行环境综合整治决策的依据；是监视污染源排放情况和评价治理措施效果的手段；是进行环境科研、制定环境规划的基础。环境监测是环境保护必不可少的基础性工作，是环境保护监督管理的重要依据之一，在实践中常被形象地称作“环境保护的眼睛”。

环境监测制度是环境监测的规范，是围绕环境监测而建立起来的一整套规则体系，通常由环境监测机构及其职责规范、环境监测方法规范、环境监测数据管理规范、环境监测报告规范等组成。

各级环境监测机构是环境监测制度的执法主体，拥有对各类污染源进行监测监督的权力，拥有对各类环境要素的质量进行监视测试的权力等。排污单位有接受监测监督和配合环境监测工作的义务。

《中国人民解放军环境保护条例》对军队环境监测工作做出了规定。该条例第三十三条指出：军队环境监督监测机构应当按照国家和军队的有关规定，对本单位、本系统和指定区域内军队单位的环境质量和污染防治情况实施监测评价，并作出监测评价报告；各单位应当接受环境监督监测机构的监督监测，并根据环境监督监测机构提出的有关建议，采取相应的整改措施。

11．环境保护设施正常运转制度

环境保护设施正常运转制度是指必须保持已经投入使用的环境保护设施正常运转状况的一项制度。该制度是“三同时”制度的配套制度。环境保护设施并不仅仅指污染治理设施，还包括防治生态破坏的设施；所谓“正常运转”，是指无故障运转，可以竣工验收时确定的运行能力为判断标准。其法律依据为《中华人民共和国环境保护法》第二十六条和第三十七条。

环境保护设施正常运转制度的执法主体是各级环境保护行政主管部门，其拥有对环境保护设施停运、拆除的批准权和对不能保证环境保护设施正常运转的违法主体的处罚权、随时检查权等。排污单位应按规定设置环境保护设施，并保证其正常运转。

《中国人民解放军环境保护条例》也对军队污染防治设施管理和防止污染转移做出了规定。该条例第二十八条指出：防治污染的设施应当列入军队房地产或者其他固定资产，加强管理，落实运转经费，保证正常运行，不得擅自拆除或者闲置；确需拆除或者闲置的，必须经军级以上单位环境保护业务主管部门批准。禁止将产生严重污染的设施、设备或者物质，转移给没有污染防治能力的单位、个人管理或者使用。

第三节　军队环境管理的队伍建设

先进的技术对环境保护固然十分重要，但人才队伍建设更是基础和保障。我军一直很重视环保人才的培养，包括管理人才和技术人才。《中国人民解放军环境保护条例》第三十九条规定：军队环境保护管理人员和技术人员，应当经过院校教育或者在职专业培训，具备相应专业知识。军级以上单位应当通过多种途径，组织环境保护管理人员和技术人员的业务培训，提高环境保护管理人员和技术人员的理论水平和业务素质。

目前，我军环保官员和技术人员的培养方式主要有三种：

第一，接受院校的正规、系统教育。通过在有关军事院校开设环境保护专业，挑选热爱环保事业、德才兼备的青年进行定向培养，为军队培养相应的军事环保人才，充实军队环保专业队伍，不断提高军队环境保护的管理层次和工作效能。如解放军后勤工程学院设有环境科学与工程学科和土木工程学科硕士学位授权点，学院设立了国防建筑规划与环境工程系、军事土木工程系，其中就包含专门培养从事军队环境保护工作的学员，具体有环境工程专业、通风空调与给排水工程专业和营区规划专业等。本科学员招生对象主要为地方应届高中毕业生和军队高中毕业文化程度的士兵。学员毕业后的主要去向为总部、各大军区及基层部队的基建营房部门，从事军队基建工作，其工作领域主要为军队的环境保护。

第二，在职岗位继续教育。选派有一定工作经历和较强业务能力的骨干，到高等院校和研究机构进行专业深造。可以通过在职函授、军地院校短期培训、业务短期轮训和岗位练兵等方式，加强对在职环保专业干部的培养，不断提高在职环保干部的理论水平和业务素质。

第三，结合环境保护的某种新技术或新制度，用举办培训班的方式，进行针对性的岗位训练。例如，为严格执行环境影响评价制度，全面贯彻落实《中国人民解放军环境影响评价条例》，切实提高环境保护预防预控水平，“十一五”期间，我军先后举办了 4 期军队环境影响评价专业培训班，考核批准了 13 个军队环境影响评价机构，其中 5 个获得了国家认证；成立了 14 个环境影响评估中心，建成了由 80 多位专家组成的军队环评专家库；先后完成了 600 余项国家和军队重点建设项目环境影响评价和技术评估任务。

目前，我军环境管理人员 90%以上具有大学本科以上学历，还有不少环境科学与环境工程等相关专业的硕士、博士在为军事环境保护领域服务。

第三章　军队环境保护法规体系建设

依法治军是我国一直坚持的基本方略，同时也是我军在环境保护领域中必须坚持的基本方略。军事活动难以避免地带来或者造成一定的环境问题，正确地处理和解决这些问题，需要通过军事环境保护条令、条例、规范、规章和标准等进行规范。经过多年的发展，我军已经制定了一系列适用于军事发展和环境保护需要的条令、条例、规范、规章和标准。

第一节　综　述

一、军事环境保护法规建设历史

我国军事环境保护工作虽然起步稍晚，但自 20 世纪末以来，我国已是世界上制定军事环保专项法规制度较为全面的国家之一，目前已基本形成具有中国特色的军事环境保护法规体系。按照国家有关法律、法规的基本精神和原则，根据国家对生态环境建设和保护工作的要求，我军先后制定了《中国人民解放军环境保护条例》《中国人民解放军绿化条例》《中国人民解放军环境影响评价条例》等环保条例，中央军委还颁布了《军队环境噪声污染防治规定》《军队大气污染防治规定》《军队水体污染防治规定》等 20 多项法规以及《医院污水处理站管理规定》《军队企业环境保护管理办法》《军队单位实行排污申报制度》等环保规章制度。这些环境保护法规、条例等的颁布和实施，为我国军事环保事业的顺利开展奠定了坚实的制度基础。

各单位相关业务部门，根据自身的实际情况，在军委、各总部的指导下，制定了各自的军事环保规章和实施细则。例如，《海军军港及舰艇防止污染管理规定》《沈阳军区环境保护管理规定》《第二炮兵环境保护条例》等，在规范和细化军队环境保护工作，促进军事环境保护管理和污染防治的规范化、法制化等方面发挥了重要作用。

二、我军环境法规的依据

军队环境保护工作是国家环境保护事业的组成部分，应当贯彻执行国家环境保护的方针、政策、法律、法规，接受国家环境保护主管部门的指导和监督。《中国人民解放军内务条令（试行）》第二百八十九条明确指出：重视营区的环境和文物保护。按照国家和军队的有关规定，采取环境和文物保护措施；协同地方人民政府和群众共同保护环境、文物和生态资源，防止污染以及其他公害。修建军事设施、场地，应当符合营区规划，做到合理布局、绿色环保，科学利用自然资源，注意保护营区内文物和古树名木。

军队各级部门按照《中华人民共和国环境保护法》《中国人民解放军内务条令》等的要求，为了减小军事活动对环境的影响，规范军事环保设施的建设、运行和管理，制定出相关的规章制度。

三、我军环境法规的基本原则

（一）遵守国家法律法规的原则

所有的军事环境法规和规章的制定，都必须遵守国家法律法规的原则，与我国社会主义法律体系保持整体一致，达到高度协调统一。这就要求军事环境保护法规必须做到不同层级的军事环境保护法规和规章之间保持一致，军队环境保护法规和规章不与宪法相抵触、不与《中华人民共和国环境保护法》相左。

《中国人民解放军环境保护条例》第三条规定：军队环境保护工作是国家环境保护事业的组成部分，应当贯彻执行国家环境保护的方针、政策、法律、法规，接受国家环境保护主管部门的指导和监督。规定指出了军队环境保护工作是国家环境保护事业的组成部分，必须遵守国家的法律法规。

（二）国防建设与环境保护协调发展的原则

《中国人民解放军环境保护条例》规定：我军环境保护工作的基本任务是合理利用自然资源，保护生态环境，防治环境污染，改善环境质量，保障人体健康。国防建设和环境保护有着一致的基本目的，都是为了满足人们生产生活的需要和军队建设的良性发展，二者缺一不可。使国防建设和环境保护协调发展，是军队环境保护工作者的基本任务，也是贯穿于军事环境保护法规中的基本原则。

（三）有利于战备的原则

军事环境保护法规的原则是把军事活动和战备工作同环境保护结合起来，使环境保护的实施既有利于人的健康、自然生态的平衡和发展，又有利于军事活动和战备需要、促进战斗力提升。战备和军事活动对环境的影响不可忽视，应当有相应的环境保护措施加以管理，才有可能有效地维护自然环境和生态安全。因此，环境保护和战备是统一的关系，体现了环境保护有利于战备的原则。

（四）分级保密的原则

由于军事环境保护工作涉及军事活动的各个领域，不可避免地会涉及军事或国家秘密。军事环境保护法规必须遵循保守秘密的原则，包括法规及其所规定的内容。但保密原则的执行不可一概而论，应分类管理，对于有保密级别的内容，应在限定范围内解读；对于不该保密的则应公开，以提高人们参与环境保护的主动性。

（五）军法从严原则

所谓军法从严原则，有两个方面的含义：一是规范严谨，纪律严明，严加管理；二是惩处从重。

四、军队环境保护法规特点

相对地方而言，军队的环境保护法规又有自身一系列的特点，主要如下：

（一）从属性

军事环境保护法规虽然有其自身的特点，自成体系，但就整体上来说，它从属于国家环境保护基本法。如《中国人民解放军环境保护条例》第三条规定：军队环境保护工作受国家环境保护主管部门的指导和监督。《中国人民解放军环境影响评价条例》是以国家《中华人民共和国环境影响评价法》为依据的。因此，军事环境保护工作必须遵循和贯彻国家关于环境保护的各项方针、政策、法律、标准和制度。军事环境保护条例法规不得同国家的环境保护法律相抵触，也不得同党和国家的环境保护政策相抵触。

（二）全面性

由于军事活动的多样性和广泛性，军事环境保护法规涉及范围十分广泛，有自然环境的保护，有生活设施和环境的保护，也有对军事设施和行为的保障，甚至还有一些针对军队特有武器装备、训练环境而制定的保护环境的技术规范和行为准则。

（三）军事性

军队是要打仗和准备打仗的。军队的一切工作都是为这个中心任务服务，环境保护工作也不例外。必须在满足军事需要的前提下来考虑环境保护要求，服从战备需要，为作战胜利服务，为提高部队战斗力服务，这是军队环境保护工作必须遵循的基本原则，讲求军事环境效益是军队环境保护的主要目标。只有把环境保护与有利于战备和国防建设结合起来，才可能达到既改善环境又促进军事技术发展和国防事业现代化的目的。

（四）广泛性

军队的训练、科研、生产以及每个人的生活，都在利用着环境和自然资源。同时，这些活动也向环境排放各种污染物，影响甚至破坏环境；军队单位驻扎在全国的城市、乡村、海岛、深山和戈壁等几乎所有地区，各地的环境容量和环境质量要求各有差异；军队环境保护内容涉及所有军队所在区域的空气、水体、土壤、林草植被、野生动植物、矿藏等几乎所有环境要素；军队环境保护范围包括营区、库区、港湾海区、训练场区、机场以及阵地、基地，涉及海、陆、空甚至地下等几乎所有区域，因此，军队环境保护工作的领域、范围、标准、方法等，都具有极大的广泛性和不确定性。

（五）保密性

军事活动的主要目的是取得战斗的胜利，军事工作首先强调的是军事效益，军队环境保护工作也不例外。所以，与其他军事活动一样，军事环境保护工作也有很强的保密要求。

正是由于以上特点，军队的环境保护工作由军队自行实行特殊管理。但是，军队也应在不损害军事利益的情况下，自觉接受国家和地方的指导和监督。

第二节　军队环境保护法规体系

我军的环境法规体系是以宪法为根、以环境保护法为基、以部队条令条例为干、以规章制度为枝，形成的具有鲜明军事特色的法规体系。具体结构框架如图 3-1 所示。

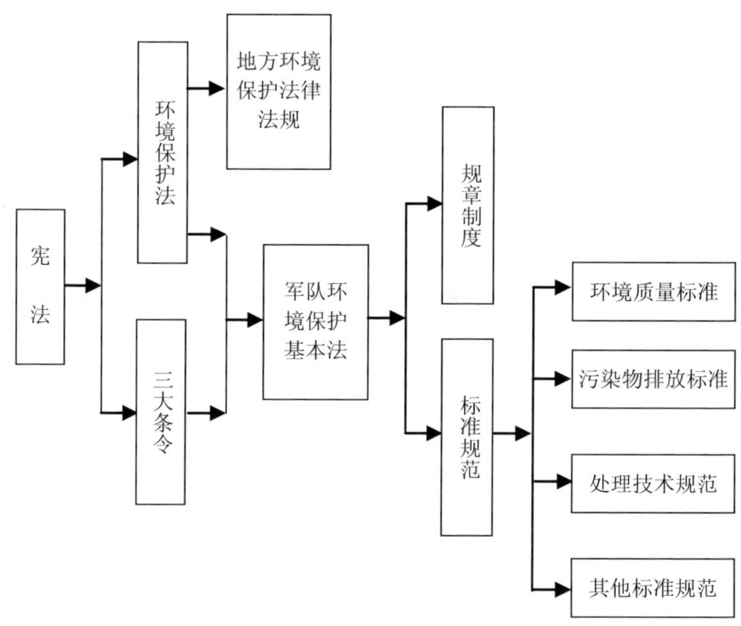

图 3-1　我军环境保护法规体系示意

一、宪法

宪法是国家的根本大法。我国宪法关于保护环境资源的规定在整个法规体系中均有最高的法律地位和法律权威，是环境立法的基础和根本依据。1982 年通过的《中华人民共和国宪法》在 2004 年修正案第九条规定："矿藏、水流、森林、山岭、草原、荒地、滩涂等自然资源，都属于国家所有，即全民所有；由法律规定属于集体所有的森林和山岭、草原、荒地、滩涂除外。国家保障自然资源的合理利用，保护珍贵的动物和植物。禁止任何组织或者个人用任何手段侵占或者破坏自然资源。”第二十六条规定：“国家保护和改善生活环境和生态环境，防治污染和其他公害。国家组织和鼓励植树造林，保护林木”。宪法属于指导性法律规范的范畴，具有指导性、原则性和政策性，一切环境与资源保护的法律法规都必须服从宪法，不得以任何形式违背宪法。

二、中华人民共和国环境保护法

《中华人民共和国环境保护法》是我国环境保护综合法。2014 年修订的《中华人民共和国环境保护法》第十条规定：县级以上人民政府有关部门和军队环境保护部门，依照有关法律的规定对资源保护和污染防治等环境保护工作实施监督管理。其为《中国人民解放军环境保护条例》立法的依据之一。

三、三大条令

条令是以简明条文规定、并通过命令颁布的关于军队战斗、训练、生活、勤务活动的行为准则。我军有《中国人民解放军队列条令》《中国人民解放军纪律条令》《中国人民解放军内务条令》三大条令。三大条令是中国人民解放军各军兵种的共同条令，由军队最高领导机关或领导人颁发全军执行，是我军进行管理教育的主要依据和全体军人的行动准则，是维护良好的内外关系、建立正规的生活秩序、养成优良的生活作风和执行严格的组织纪律的行为规范。其中《中国人民解放军内务条令》对环境保护进行了相关阐述，其为《中国人民解放军环境保护条例》立法的依据之一。

四、军队环境保护基本法

军队环境保护基本法是军队环境法规体系中的主干。军队环境保护基本法是一种实体法与程序法结合的综合性法律。对环境保护的目的、任务、方针政策、基本原则、基本制度、组织机构、法律责任等做了主要规定。

军队的环境保护基本条例主要有《中国人民解放军环境保护条例》《中国人民解放军绿化条例》《中国人民解放军环境影响评价条例》《中国人民解放军放射性污染防治条例》。

五、规章制度

规章制度是指军队依法具有规章制定权的部门单独或与地方行政部门制定的有关合理开发、利用、保护、改善环境和资源方面的行为规范。与条令条例相比，规章制度的数量更大、技术性更强，是实施环境与资源保护法规的具体规范。如国家发改委、财政部联合总后勤部制定的《军事区域专项环境污染治理工程建设管理办法》，其根据《中华人民共和国环境保护法》《中国人民解放军环境保护条例》等的规定，对军事区域环境污染治理工程的建设管理及其有关工作的审批手续、施工监管、运行、拆除做出了具体的规定。与条令条例相比，这些规章制度具有更强的可操作性。

六、标准规范

军队环境标准是军队环境法体系的特殊组成部分。军队环境标准是为了保护官兵身体健康，维护环境质量、控制污染和生态平衡而制定的具有法律效力的各种技术标准和规范的总称。它不是通过法律条文规定各种行为准则和法律后果，而是通过一系列定量化的数据、指标、技术规范来表示行为规范的界限，来调整人们的行为。

第三节　条令条例

军队环境保护或与环境保护相关的条令条例主要有《中国人民解放军内务条令》及《中国人民解放军环境保护条例》《中国人民解放军绿化条例》《中国人民解放军环境影响评价条例》《中国人民解放军放射性污染防治条例》。

一、《中国人民解放军内务条令》

《中国人民解放军内务条令》对军队的内务制度做出了严格的规定。

自 1936 年颁布的第一部《中国工农红军暂行内务条令》以来，1942 年至 2010 年，对内务条令先后进行了 9 次修订。

1990 年以前颁布的《中国人民解放军内务条令》均未单独对环境保护做出规定，1990 年后修订的《中国人民解放军内务条令》开始关注环境保护。《中国人民解放军内务条令》（1990 年）第二百零一条规定：重视营区的环境保护。按照国家的有关规定，采取环境保护措施；协同驻地方政府和人民群众共同保护好环境和自然资源，防止污染以及其他公害。修建房屋、场地，应当合理布局，科学利用自然资源。《中国人民解放军内务条令》（2010 年）同样重视环境保护，并在“第二百六十八条　重视营区的环境保护”中规定：按照国家和军队的有关规定，采取环境保护措施；协同地方人民政府和群众共同保护环境和自然资源，防止污染以及其他公害。

二、《中国人民解放军环境保护条例》

1982 年 3 月，经中央军委审批，总参谋部、总政治部、总后勤部在《中华人民共和国环境保护法（试行）》的基础上颁布了《中国人民解放军环境保护暂行条例》。为了配合《中华人民共和国环境保护法》（1989 年）的实施和部队环境管理的新要求，中央军委于 1990 年颁布实施了《中国人民解放军环境保护条例》。2004 年，中央军委又根据国家对环境保护工作的新要求和军队环境保护发展的需要，坚持科学发展观的基本精神和原则，着眼于提高军队环境保护工作的质量和管理水平，重新修订并颁布了《中国人民解放军环境保护条例》。该条例把适应国家经济社会和环境保护事业发展形势及军队现代化建设需要作为出发点和落脚点，使环境保护工作与部队全面建设融为一体。

现行的《中国人民解放军环境保护条例》在军队环境法规体系中占有核心地位，对军队环境保护做出了原则性规定，标志着军队环境保护工作的法制化和规范化建设迈上了一个新台阶，对依法保护和改善军队管理、使用区域的生态环境和生活环境等具有重要作用。

《中国人民解放军环境保护条例》共 8 章 44 条，包括总则、职责、保护与改善环境、治理环境污染、管理与监督、教育与科研、奖励与处分等。条例中明确了环境保护工作在军队建设中的地位，明确了环境保护工作与军队其他工作的关系，明确了军队所有单位和人员都有在符合规定标准的环境中工作和生活的权利、对环境质量知情的权利以及获得环境危害补偿的权利，体现了环境保护人人有责的理念。

《中国人民解放军环境保护条例》对军队环境保护的基本任务进行了扩充和发展，增加了“保护与改善环境”章节，对保护和改善环境的基本要求、自然资源保护、防治污染、国家环境保护重点区域的环境保护、军事设施环境保护和改善，以及军事活动、军事装备和高危险性物品污染防治等做出了规定。同时，将军队环境保护的范围修改为“保护和改善军队管理和使用区域的生活环境、生态环境”，以促进部队在训练、演习和遂行其他任务时加强对其使用的非军队管辖区域的环境污染防治和生态保护。

三、《中国人民解放军绿化条例》

《中国人民解放军绿化条例》是在 1994 年 2 月颁布的原绿化条例基础上修订的。《中国人民解放军绿化条例》（2005 年）贯彻国家有关法律、法规的基本精神和原则，适应国家生态建设与保护事业发展形势和军队现代化建设的需要，规范了军队的绿化建设与管理工作内容。

现行的《中国人民解放军绿化条例》根据贯彻执行国家有关法律法规、适应形势发展和强化军队绿化工作管理的需要，对军队绿化工作的范围、基本目标、机构与职责、绿化建设与管理、绿化资源保护等内容做了新的或更加明确的规定。条例特别注重了与国家法律法规相统一性、与军队相关法规相配套性；注重了对全军各部门、各单位和全体官兵的适用性；注重了满足军队特殊要求的需要。

《中国人民解放军绿化条例》共 7 章 40 条，内容涵盖军队绿化工作的基本原则与任务、工作职责、规划与建设、绿化建设、绿化管理、奖励与处分等各方面，强调了军队绿化工作是国家生态建设事业的组成部分，植树造林、绿化祖国、保护绿化资源是军队所有单位和个人应尽的义务。

《中国人民解放军绿化条例》的颁布实施，对于进一步推动全军绿化工作，建设绿化生态营区，改善官兵生活质量，增强部队凝聚力和战斗力，具有重要的现实意义和深远的历史意义。贯彻落实《中国人民解放军绿化条例》，关键要在提高营区生态环境质量上下功夫。要坚持科学规划，突出军队特点，体现时代特征，反映地域特点，保持自然特性。要针对军队绿化工作的新情况、新特点、新问题，积极开展科技攻关，推广应用经济适用的新技术、新品种、新工艺，努力提供绿化造林的质量和效益。保护和改善营区和驻地生态环境，维护国家生态安全，是军队义不容辞的责任和义务。全军各级党委机关和部队要牢固树立节约资源、保护环境、生态和谐的观念，以对党和军队建设高度负责的精神切实把环保绿化工作放到更加突出的位置，真抓实干，确保我军绿化工作始终走在全社会前列。

四、《中国人民解放军环境影响评价条例》

2003 年第九届全国人民代表大会常务委员会通过了《中华人民共和国环境影响评价法》，该法第三十七条指出：“军事设施建设项目的环境影响评价办法，由中央军事委员会依照本法的原则制定”。按照相关要求，2006 年军队颁布实施了《中国人民解放军环境影响评价条例》。

《中国人民解放军环境影响评价条例》共 6 章 37 条，分别对军队环境影响评价的范围、规划计划的环境影响评价、建设项目的环境影响评价、环境影响评价机构人员及奖惩等做出了规定。明确了军队环境影响评价的原则和主管部门，对规划、计划和建设项目进行环境影响评价的内容和程序，评价机构资质和人员资格的要求，以及监督管理机制等，建立了一套既符合军队实际又符合国家相关法律法规要求的环境影响评价管理制度。

《中国人民解放军环境影响评价条例》要求，军级以上单位有关主管机关组织编制营区、港区、场区、库区、阵地建设等涉及军队土地利用的规划，军级以上单位有关业务主管部门组织编制对环境可能造成影响的战备、训练、物资储运和装备研制、采购、试验、修理、报废等军事活动计划，以及建设单位组织实施对环境可能造成影响的建设项目，应当组织进行环境影响评价。各级首长和机关应当加强对环境影响评价工作的领导，支持军队环境保护主管部门依法履行职责，督促各有关部门和单位依法落实环境影响评价制度。

《中国人民解放军环境影响评价条例》规定，规划、计划的环境影响评价，由规划、计划的编制单位组织实施；建设项目的环境影响评价，由建设单位委托具有相应资质的军队环境影响评价机构实施。环境影响评价文件必须经环境主管部门审查或审批，未经过规定的审批部门审查或者审批的，审批机构不得办理相关的审批文件。

《中国人民解放军环境影响评价条例》的实施是贯彻执行国家有关环境保护和环境影响评价法律法规的实际行动。随着军队全面建设的不断发展，军队环境保护与建设任务日趋繁重。开展环境影响评价工作并严格执行有关制度，是从根本上预防或者减轻军队建设和军事活动对环境可能造成的污染和破坏的基本措施，将切实推动环境保护工作由消极被动、事后补救向积极主动、事前预防转变。《中国人民解放军环境影响评价条例》对于规范军队环境影响评价工作，优化军队环境影响评价管理机制，强化军队环境保护工作管理效能，促进军队管理建设全面协调可持续发展，具有十分重要的意义。

五、《中国人民解放军放射性污染防治条例》

2003 年第十届全国人民代表大会常务委员会第三次会议通过《中华人民共和国放射性污染防治法》，该法第六十条指出："军用设施、装备的放射性污染防治，由国务院和军队的有关部门依照本法规定的原则和国务院、中央军事委员会规定的职责实施监督管理"。按照相关要求，2012 年军队颁布实施《中国人民解放军放射性污染防治条例》。

《中国人民解放军放射性污染防治条例》以中央军委关于加强放射性污染防治工作的重要指示为指导，贯彻国家放射性污染防治法的基本原则，结合军队实际，明确了军队放射性污染防治工作的管理职责，规定了军队放射性污染防治和治理的基本制度以及监督管理的措施要求。《中国人民解放军放射性污染防治条例》的发布实施，对于加强军队放射性污染防治工作，保护人员、装备和环境安全具有重要意义。

除了以上环保相关的条令条例，国家也在更高层面的法律上制定了一些法律条文，如《中华人民共和国军事设施保护法实施办法》，实施办法明确规定了军事管理区域的环保设施受该法律保护。

第四节　规章制度

为了规范环境管理，四总部和各大单位制定了大量有关环保的规章制度，主要有《军事区域专项环境污染治理工程建设管理办法》《军队环境污染治理设施使用管理办法》《海军军港及舰艇防止污染管理规定》《建设项目环境保护设计规定》等。

一、《军事区域专项环境污染治理工程建设管理办法》

为了加快军事区域环境污染源治理，规范军事区域专项环境污染治理工程的建设管理工作，合理使用专项投资，提高社会效益和环境效益，2004 年国家发改委、财政部、总后勤部共同制定了《军事区域专项环境污染治理工程建设管理办法》。

《军事区域专项环境污染治理工程建设管理办法》共 15 条，对军事区域环境污染治理工程的建设管理及其有关工作的审批手续、施工监管、运行、拆除做出了严格规定。

国债投资主要用于军事区域内的下列环境污染治理工程建设项目：位于国家环境保护重点区域内的污染源治理项目、国家实行污染物排放总量控制的污染源治理项目、"三废"综合利用项目、限期治理项目、污染严重亟待治理的项目、国家或者军队治理示范工程项目。军事区域处于地方环境污染治理设施服务范围内或可以纳入地方环境污染治理规划的，应优先采用统筹治理的方案，专项投资可用于相关配套工程的建设。专项投资实行分户存储、独立核算、专款专用的管理制度。

二、《军队环境污染治理设施使用管理办法》

为了规范军队环境污染治理设施的使用管理，根据《中国人民解放军环境保护条例》，2009 年总后勤部制定了《军队环境污染治理设施使用管理办法》。

该办法共 28 条，规范了军队环境污染治理设施的使用管理，明确了军事区域内所有环境污染治理设施的使用管理活动。

军队所有单位和人员都有保护军队环境污染治理设施的义务，对运行中的违法违规行为进行举报。团级以上单位环保绿化委员会办公室主管本单位环境污染治理设施的使用管理工作，军区级以上单位环保绿化委员会办公室组织验收和使用。使用管理军队环境污染治理设施的单位和从事军队环境污染治理设施运行的操作和管理人员，必须取得相应的资格。运行单位必须保证环境污染治理设施正常运行，确保污染物稳定达标排放，并及时填写“军队环境污染治理设施运行情况报告表”，每半年向隶属的军区级单位环保绿化委员会办公室报告一次。

污染治理设施由各级环保绿化委员会办公室和环境监测监督机构进行执法监督，并填写《军队环境污染治理设施执法监督记录》、出具《军队环境污染治理设施执法监督意见书》。对在军队环境污染治理设施使用管理工作中做出突出成绩的单位和个人，依照《中国人民解放军纪律条令》的有关规定，给予奖励。违反本办法的，对负有直接责任的军队单位主管人员和其他人员，依照《中国人民解放军纪律条令》的有关规定，给予处分。

三、《军队环境污染治理工程建设项目管理导则》

为指导军队环境污染治理工程建设项目（以下简称污染治理工程）的管理工作，确保工程建设质量和效益，根据《中国人民解放军环境保护条例》《中国人民解放军工程建设管理条例》《军事区域专项环境污染治理工程建设管理办法》,2004 年全军环保绿化委员会办公室制定了《军队环境污染治理工程建设项目管理导则》。

《军队环境污染治理工程建设项目管理导则》共包括总则、组织、前期工作、施工管理和竣工验收等五个部分。该导则规定了对污染治理工程设施新建、改建、扩建项目实施管理的通用要求，明确了污染治理工程项目组织管理主体、形式和监督、监测、验收主体，规定了工程的前期各类工作内容及审批部门，进一步指出了可行性论证报告、污染治理项目工程技术设计文件的主要编制内容及评审部门，对承担军队污染治理工程项目建设的施工单位和为军队污染治理工程项目提供相关治理设备的供应商提出了严格规定，以确保工程质量良好，明确了污染治理项目验收监测的主管部门、验收手续、验收内容。

四、《海军军港及舰艇防止污染管理规定》

为保护军港环境，防止军港污染，实施对舰艇排污的监督，保护区域生态环境，依据《中华人民共和国海洋环境保护法》和国家有关的环境保护法规，结合海军军港和舰艇防治污染现状，1996 年海军制定了《海军军港及舰艇防止污染管理规定》。

《海军军港及舰艇防止污染管理规定》共 8 章，包括总则、职责与分工、一般规定、防止陆源污染军港、防止船舶污染水域、污染事件的调查处理、处罚与奖励等。该规定明确了海军所辖军港及海军舰艇的防污监督管理机构以及海军各级环办、军港监督环境监测站的职责与分工，规定了废水排放、废弃物弃置、消油剂使用的原则与要求，规定了陆源管理、排污口的设施及管理、海岸工程实施方法、军港防污设施要求，明确了各类舰艇防污文书和设备及性能要求、舰艇排污原则、港内排污要求、油类污染物接收规程以及油类作业、修船作业、拆船作业过程中的污染防治要求、舰艇污染事故处理方法，规定了舰艇污染军港以外水域排放油污水、处理垃圾等要求，对防止外来舰艇、地方船舶进入军港水域产生污染提出了相关的管理办法。规定明确了污染事件的发现和报告、处理污染的措施、调查取证、污染赔偿、清除污染的相关内容以及违反规定造成污染的个人及产生的处罚措施，对在军港环境及舰艇防污染工作中做出突出贡献的奖励措施。

第五节 规范标准

环境标准是我国环境法体系中一个独立、特殊、重要的组成部分，是有关控制污染、保护环境的各种标准的总称。环境标准的建立和发展，在一定程度上反映了一个国家的法制状况、科技水平和社会经济实力。

我国环境标准的形成和发展大致可分为 4 个阶段：

第一阶段为中华人民共和国成立到 1973 年第一次全国环境保护会议召开。此阶段所制定和实行的环境标准，是以保护人体健康为主的局部环境质量标准。例如《工业企业设计暂行标准》《生活饮用水卫生规程》《污水灌溉农田卫生管理试行办法》等标准的制定。

第二阶段，1973—1979 年颁布了《中华人民共和国环境保护法》(试行)。这阶段主要是对一些已有的标准进行修订，同时，开始制定工业“三废”排放标准。例如，1976 年将《生活饮用水卫生规程》修订为《生活饮用水卫生标准》，还颁布了《渔业水质标准》《农田灌溉水质标准》等。国家计委、建委和卫生部颁布了《工业“三废”排放试行标准》。

第三阶段为 1979—1990 年，这个阶段是环境保护领域内加强法制的一个新阶段。与相关法律相配套，先后制定颁布了《地面水水质标准》《大气环境质量标准》等环境质量标准，发布了《污水综合排放标准》等多个环境质量与污染排放标准。

第四阶段，1990 年以来，先后制定了大气质量标准 1 个、水环境质量标准 6 个、大气污染物排放标准 15 个和水污染物排放标准 15 个，取代了第三阶段的质量标准和污染物排放标准，而且随着社会发展和科技进步逐步更新完善了部分标准。与此同时，还制定了其他类型的标准，使我国环境保护标准发展到了新阶段。

营区及军事活动过程中总体上遵循国家标准，但是鉴于军事训练场所环境的极端性和污染物排放的特殊性，军队制定了一系列适合自身的规范标准，总体上来讲规范标准可以分为四类。

一是环境质量标准，主要有：《飞船乘员舱大气环境控制工程设计的医学要求》(GJB 4011—2000)、《飞船乘员舱大气环境医学要求与评价方法》(GJB 3064A—2010Z)、《直升机噪声限值》(GJBZ 20355—1996)、《军事作业噪声容许限值及测量》(GJB 50A—2011Z)、《野营住房空间与环境参数限值》(GJB 4306—2002)、《电磁辐射暴露限值和测量方法》(GJB 5313—2004)、《水面舰艇舱空气组分容许浓度》(GJB 7497—2012)、《作业场所空气中奥克托今容许浓度及检测方法》(GJB 5131—2002)等。

军事斗争的特殊性、武器装备使用环境和条件的苛刻性，一定程度上导致官兵的工作和训练环境较普通公众所处环境更恶劣。因此，这类标准规定的部分环境质量因子往往宽于国家标准中的规定值，但是为了保护官兵的身体健康，标准中对人员的作业时间做出了严格的规定。如总装备部批准的《飞船乘员舱大气环境控制工程设计的医学要求》(GJB 4011—2000)，对其飞行舱内的大气污染物：一氧化碳、氨、甲胺、硫化氢、甲硫醇吲哚、3-甲基吲哚、丙酮、乙醇、乙酸、甲醇、乙二醇、甲醛、乙醛、苯酚、苯、甲苯、二氯甲烷、肼、总悬浮颗粒物的浓度做出了规定，规定值总体高于《环境空气质量标准》（GB 3095—1996）的二级标准，但是为了保护飞行员的身体，规定飞行员在舱内连续作业时间不能超过 7 天。

二是污染物排放标准，主要有：《销毁遗弃化学武器大气污染控制要求》（GJB 5009—2003）、《肼类燃料和硝基氧化剂污水处理与排放要求》（GJB 3485A—2011）等。这类标准中有些污染物是国家标准中没有涉及的特殊污染物，如《肼类燃料和硝基氧化剂污水处理与排放要求》（GJB 3485A—2011）对肼类等污染物浓度做出了严格规定。

三是处理技术规范，如《报废通用弹药处理安全要求与评价》（GJB 5426—2005）、《导弹燃烧剂污水处理规程》（GJB 5521—2006）、《导弹氧化剂污水处理规程》（GJB 5522—2006）、《导弹部队放射性废物处理规程》（GJB 5523—2006）、《废火药、炸药、弹药、引信及火工品处理、销毁与储存安全技术要求》[GJB 5120—2002（K）]。这类标准对各种军事特征污染物处理方法做出了严格规定。

四是处理装备规范，如《燃烧剂污水处理工程车规范》（GJB 5155—2004）、《军港油污水接纳处理车组规范》（GJB 5049—2003）、《放射性废水处理装置规范》（GJB 5518—2006）。这类标准对各种处理设备的工艺参数做出了严格规定。

第四章　军队环境保护规划计划管理

规划是人们对未来事业发展所做的预见、部署和安排，具有长远性、全局性、综合性、战略性、方向性。计划是人们对未来事物发展所做的预见、部署和安排，具有很大的决策性。规划是比较全面、长远的发展计划。军队环境保护规划计划是军队为使得各种军事训练活动与环境保护协调发展而对军事活动和环境保护所做的空间和时间上的合理安排。从“六五”以来，中央军委、四总部、各大军区、各军兵种总体上制定了基本适合自身发展情况的各类环境保护规划、计划。

第一节　综　述

一、军事环境保护规划计划的类型

（一）按时间划分

这些规划根据时间的长短，可分为长期环境保护规划、中期环境保护规划，短期一般为年度环境保护计划。

1．长期环境保护规划

十年以上的计划属于长期规划。环境保护的长期规划也称为长期环境保护计划。例如，《全军环境保护“八五”计划和十年规划》中的规划为长期规划。长期计划主要回答两方面的问题，一是环境保护的长远目标和发展方向是什么，二是怎样去实现环境保护的长远目标。

2．中期环境保护规划

环境保护的中期规划也称为中期环境保护计划，中期环境保护规划一般为五至十年。例如，《军队环境保护与生态建设“十一五”规划》《军队环境保护与生态建设“十二五”规划》等均为中期计划。中期规划与长期规划的内容基本一致，但更为详细和具体，具有衔接长期规划和短期计划的作用。长期规划一般是以问题为中心，而中期规划则是以时间为中心，它应包括规划期内的各年计划。中期规划一般依照管理组织的各种职能进行制订，着重各规划指标之间的综合平衡，从而可使比较松散的长期规划有了比较严密的内容，保证规划的连续性和稳定性。

3．短期计划

在中期规划的指导下制订的一年或一年以下时间范围的计划属于短期计划。例如，全军环办和各大单位环办为实现五年环境保护规划所制订的环境保护年度计划就是短期计划。短期计划比中期规划更为详细和具体，能够满足具体实施的需要。环境保护的短期计划可以是综合性的计划，也可以是单一目标的计划。短期计划应对各种活动说明和规定得非常详细，所涉及的环境要素要比较确定，在执行中的选择余地应较小。

（二）按类型划分

按照规划内容的类型可以划分为综合规划和专项规划。

1．综合规划

综合规划是以部队训练过程中、营区和部队管辖区域内的水、气、声、放射性等污染防治为对象编制的规划，是对污染防治进行整体、综合的规划。综合规划的主要任务是协调军事训练活动与环境保护直接的矛盾。

自20世纪70年代以来，我军制订了一系列的环境保护综合性规划。如2011年中央军委颁布了《军队环境保护与生态建设“十二五”规划》。各大单位在《军队环境保护与生态建设“十二五”规划》的指导下分别制订了相应的环境保护规划。如总装备部环保绿化委员会制订了《总装直属部队环境保护和生态建设“十二五”规划》，南京军区环保绿化委员会根据该规划出台了《关于贯彻落实〈军队环境保护和生态建设“十二五”规划〉的意见》、兰州军区环保绿化委员会根据该规划出台了《兰州军区环境保护和生态建设“十二五”规划》等。

2．专项规划

专项规划是以部队训练过程中、营区和部队管辖区域内的特定领域为对象编制的规划，是制定特定领域相关政策的依据。专项规划是针对部队发展过程中重点领域和薄弱环节，关系全局的重大问题编制的规划，是综合规划在特定领域的细化、深化和具体化，其必须符合综合规划的总体要求，并与综合规划相衔接。

目前，我军相关领域制定了专项规划，如《“三荒”造林规划》《军事区域水污染治理规划》《放射性污染防治规划》等。

3．按照计划约束力划分

按对执行者的约束力的大小，可分为指令性计划和指导性计划两种。

（1）环境保护指令性计划。

环境保护指令性计划是由国家、军队或上级主管部门下达的具有行政约束力的环境保护计划。例如，国家关于关闭“十五小”的计划，关于削减 12 种污染物年排放量的计划等，就是环境保护指令性计划。环境保护指令性计划具有强制性，一经下达，有关单位必须遵照执行，并要切实完成，没有选择的余地。

（2）环境保护指导性计划。

环境保护指导性计划是由国家、军队或上级主管部门下达的具有指导和参考作用的环境保护计划。例如，国家提出的在“33211”重点区域内推广清洁生产计划等就是一种环境保护指导性计划。环境保护指导性计划允许各地区、各单位结合各自的实际情况，决定是否完全按照其开展环境保护工作。环境保护指导性计划的实施，不是采取行政命令的方法，而多是利用经济杠杆的调节作用和经济政策、法规的导向作用进行指导和落实的。

二、军队环境保护规划的特点

环境保护规划是一项政策性、技术性很强的技术工作。有它自身的特点和规律性。其主要特点可以概括为五个：

（一）综合性

由于环境问题的复杂性，使得环境保护规划涉及的问题非常广泛，所以在制订环境保护规划时，不能仅从单一问题、单一目标和单一措施进行考虑，而必须进行全面的综合分析。

环境保护规划是环境管理的重要内容，是属于软科学的范畴。它的理论基础是生态经济学和人类生态学等，涉及环境化学、环境物理学、环境生物学、环境工程、环境系统工程、环境经济学和环境法学等多学科，必须要以工程技术为基础。因此，制订环境保护规划需要多学科的相互配合，要求规划人员具备较为丰富的知识。

环境保护规划要协调的对象是社会经济系统、地球物理系统和自然生态系统，在制订环境保护规划时，要从整体上综合分析这三个系统之间的物质、能量和信息流，正确处理和协调三者之间的关系。

（二）整体性

环境保护规划必须体现国家或区域环境生态和环境与经济、社会的整体性，要以生态规律为指导，以经济规律为前提，既要满足近期的需求，又要兼顾长远的利益，将局部与全局统一起来。

（三）地区性

各类军区、军兵种的环境保护规划都有明显的地区差异，因为各地区的自然环境、社会与经济发展状况等的不同，各地区的主要环境问题和环境管理的水平也是不同的。因此，各地区的环境保护规划在内容、要求和类型上也是不同的。

（四）长期性

从时间上看，由于环境问题的暴露和人们对其的认识以及控制和改善一般都需要较长的时间，因此环境保护规划必须要考虑得更长远些。

从环境决策上看，环境保护规划是对一定时期内环境保护目标和措施所做出的规定，这里的一定时期不是较短的时间，而是较长时期。

从工作性质上看，环境保护规划是一项长期性的工作，在实施过程中需要不断地加以修改和补充，不能一蹴而就，而是要坚持长期干下去。

（五）政策性

环境保护规划涉及人口控制、能源结构、工业布局、发展战略、重大工程建设以及投资方向等，必须充分体现国家和军队的政策精神，是一项政策性极强的工作。

第二节　军队环境保护规划计划的地位和作用

一、军事环境保护规划计划的地位

环境保护规划是指比较全面、长远的环境保护发展计划，具有高度的长远性、全局性、综合性、战略性、方向性，其实质是一种为克服军事活动和环境保护活动的盲目性和主观随意性所采取的科学决策活动。军事环境保护规划是军队发展的有机组成部分和国家环境保护规划的重要组成部分。军事环境保护规划是军队环境管理的首要职能，是环境决策在时间和空间上的具体安排，是规划管理对一定时期内环境保护目标和措施在时间和空间上的具体规定，是一种带有指令性的环境保护方案，其目的是在发展军事的同时保护环境。

《中华人民共和国环境保护法》第四条规定：国家制订的环境保护规划必须纳入国民经济和社会发展规划，国家采取有利于环境保护的经济、技术政策和措施，使环境保护工作同经济建设和社会发展相协调。《中国人民解放军环境保护条例》第五条规定：军队环境保护工作应纳入军队建设与发展计划。环境保护规划被写入环保法和军队环保条例，为编制和实施环境保护规划提供了法律依据。

《中国人民解放军环境保护条例》规定“军队环境保护工作应纳入军队建设与发展计划”，强调把军队的环境保护工作纳入军队建设与发展计划，有利于改变一些单位、一些时候对环境保护重视不够的问题，有利于环境保护在军队的全面落实，有利于军队环境保护与军队的全面建设与协调发展。

《中国人民解放军环境保护条例》第八条规定：全军环保绿化委员会在中央军委领导下，统一规划、指导和协调全军环境保护工作，履行下列职责：（一）组织审查全军环境保护工作的长期计划，审定全军环境保护工作的年度计划，指导全军开展环境保护工作。第九条规定，总后勤部基建营房部是全军环保绿化工作的业务主管部门……在环境保护工作方面，履行下列职责：（一）拟制全军环境保护中长远计划和年度计划，并监督执行。条例中规定，全军环保绿化委员会在组织领导全军环境保护工作方面的主要职责：一是组织审查全军环境保护工作的中长期计划，报中央军委审批；二是对其办事机构编制的全军环境保护工作年度计划进行审定，交由总后勤部下达。总后勤部基建营房部主要职责有拟制全军环境保护中长远计划和年度计划，并监督执行。

二、军事环境保护规划计划的作用

（一）促进环境保护与军事协调发展

环境问题的解决必须注重预防为主，防患于未然，否则损失巨大、后果严重，环境保护规划的重要作用就在于协调军事活动与环境保护的关系，预防环境问题的发生，促进环境与军事活动协调发展。

（二）保障环境保护活动纳入部队建设规划

我军实施的经济体制仍为计划经济，军队的中长期规划计划在军事各方面发展起着决定性的作用，环境保护是军事活动过程中的重要组成部分，必须纳入部队建设规划之中，进行综合平衡，才能得以顺利进行。环境规划就是环境保护的行动计划，为了便于纳入部队建设规划，对环境保护的目标、指标、项目、资金等各方面都需经过科学论证和精心规划才能有保障。

（三）组织动员各方面力量，促进环境目标的实现

环境保护工作与军队建设的各个环节紧密相连，关系到广大官兵的生活和工作环境，要想把诸多方面有机组织起来，从各自不同角度，为共同的环境目标协调努力，就必须有一个统一周密的管理计划来指导。制订环境规划，应通过科学的系统分析和经济分析，优选出技术上合理、经济上可行的计划方案。通过各项计划指标，把环境的有关各项工作和各个部门组织起来，当广大官兵有了明确的奋斗目标，就知道保护环境从哪里努力，实现环境目标才有切实的保障。

（四）以最小的投资获取最佳的环境效益

环境是人类生存的基本要素，是官兵生活的重要指标，又是经济发展的物质源泉，在有限的资源和资金条件下，特别是在军队环保资金投入不足的条件下，如何使用最少的资金，实现军事活动和环境保护协调发展，尤为重要。环境保护规划正是运用科学的方法，保障在军事活动中，以最小的投资获得最佳的环境效益的有效措施。

第三节　军队主要环境保护规划计划简介

我军制订的全军环境保护综合性规划计划主要有《全军环境保护“八五”计划和十年规划》《全军环境保护和绿化工作“十五”计划》《军队环境保护与生态建设“十一五”规划》《军队环境保护与生态建设“十二五”规划》等，全军专项规划主要有《“三荒”造林规划》《军事区域水污染治理规划》《放射性污染防治规划》等。以下简要介绍《军队环境保护与生态建设“十二五”规划》和《军事区域水污染治理规划》内容。

一、《军队环境保护与生态建设“十二五”规划》简介

《军队环境保护与生态建设“十二五”规划》主要对“十一五”期间军队环境保护取得的成绩进行了总结，对“十二五”期间的环境保护工作做了总体的部署和安排，主要内容如下：

经过“十一五”期间的发展，军事区域生态环境和环境保护面貌发生了历史性的变化。“十一五”期间内，军队取得了全面启动生态营区升级转变，大力推进工程建设项目的环境影响评价制度，环境保护由末端治理开始向源头预防的良性转变，深入开展联防联治、联管联建等一系列的成果。经过五年的建设，军事区域生态环境质量明显改善，监管能力逐步增强，官兵环境意识不断提高，有力地促进了部队的全面建设和科学发展。为了使良好的局面持续发展，中央军委颁布了《军队环境保护与生态建设“十二五”规划》。

《军队环境保护与生态建设“十二五”规划》对全军“十二五”期间的环境保护工作做了总体部署。规划我军环境保护和生态建设的总体目标为：到 2015 年，军事区域环境质量整体提升，环境脆弱区域的生态较好恢复。核与辐射等军事特种污染源得到妥善处置，军事设施环境安全得到有效保障。驻国家重点流域区域海域和城市军队单位的主要污染物、军事管理区三荒土地得到基本治理，军事区域生态环境和文物、水资源得到有效保护。80%的现有营区达到绿色营区标准，生态营区建设步伐明显加快。环境影响评价执行率达到 70%，环境安全监督和突发

环境事件处置能力全面加强。

《军队环境保护与生态建设“十二五”规划》的主要任务有：

（1）以解决重点污染问题为突破口，全力搞好军事区域污染预防和治理。严格落实工程建设项目环境影响评价和“三同时”制度，从源头有效防范环境风险。加强重点污染源环境监测，进一步强化已建污染治理设施的运行管理。对重点流域军队单位的污染治理工程、军队特种污染物的治理工程做出详细规划。

（2）以创建绿色营区、生态营区为抓手，全面加强军事区域生态环境建设。对建设绿色营区、生态营区做了量化说明；对军事区域森林和荒漠生态系统治理修复重点工程建设，建成“三防”基础设施试验点工程做了规划；对支援地方造林绿化，建立军队水资源信息管理平台，开展军事区域水土保持工作，加强全军不可移动文物的保护，加强军事区域湿地、古树名木等资源保护均做出规划。

（3）以提高生态环境保障效益为根本，深入开展军事环境基础理论和关键技术研究。对军事环境管理体制、军事环境与国家安全、军队核与辐射环境安全战略、军队核与辐射环境污染应急装备体系等基础理论研究做出规划说明；对放射性“三废”处理处置技术、放射性废物暂存库战术技术指导、电磁辐射等军事特种污染防治技术研究等进行规划；对完成军事区域生态保护、资源循环利用、饮水安全等实用技术的引进吸收和推广应用进行说明。

（4）以核与辐射防治制度建设为重点，积极构建系统完备的环境监管机制。对核与辐射环境安全法规标准体系和监管体系、核事故应急环境监测能力建设，放射源的登记造册、审核发证和重点单位废旧放射源处置工作，对环境影响评价、环境应急、监测管理制定配套法规，与地方共建、共用相关训练基地，完善相关环境认证国家等做出规划部署。

二、《军事区域环境污染治理规划》（2004—2010）简介

《军事区域环境污染治理规划》（2004—2010）主要说明了军事区域环境污染现状、规划目标等五个方面的内容，具体规划内容如下：

21 世纪初，在军队环境保护工作基础薄弱、环保投入有限的背景下，为了使军事区域的生态环境得到有效改善，2003 年，按照国务院和中

央军委的指示，原国家环保总局和总后勤部在联合对军队环境污染状况进行了深入调研的基础上，编制了《军事区域环境污染治理规划》（2004—2010）。

该规划共分为军事区域环境污染现状、指导思想和规划目标、主要任务、投资估算与资金筹措、规划实施保障五个方面的内容。

（1）军事区域环境污染现状。主要对军事区域的土地面积、营区数量，废气、废水的主要污染物及固体废物的排放量及占全国总排污量的比例做了统计；并对军队环境污染及的主要问题进行了总结梳理。

（2）指导思想和规划目标。规划指导思想主要为认真贯彻环境保护基本国策和可持续性发展战略，突出抓好国家环保重点流域、区域、海域军事环境污染防治，全面改善和提高军事环境质量，努力实现军队环境保护和生态建设跨越式发展。实现目标为：国家重点流域海域军队各类废水得到有效治理；驻 113 个重点城市部队燃煤锅炉、燃煤茶炉大灶得到改造或置换，实现生活能源清洁化；危险废物得到基本处置、噪声扰民得到初步控制；环境监督监测及应急处置等能力明显增强，实现环境管理规范化。

（3）主要任务。重点流域海域水污染治理：各类废水处理率达到 80%，废水处理回用率达到 50%；重点城市大气污染治理：全军驻 113 个重点城市部队 4 800 台燃煤锅炉改用清洁能源，1.1 万台燃煤茶炉大灶改用清洁能源；4 000 台锅炉脱硫除尘装置改造，军队特殊废气污染治理 224 项等；固废与噪声污染治理：建设密闭卫生存放设施 3 000 套，新建医疗垃圾和危险废物安全处理装置 70 套，军用机场和飞机修理中心噪声污染治理 300 项；中低强度放射性污染治理：重点建设或完善中低强度核材料废水暂存和运输设施设备 84 项；环境保护能力建设：加强 42 个环境监测站能力改造建设。

（4）投资估算与资金筹措。总投资为 105.68 亿元。以国家投资为主，军队自筹为辅。

（5）规划实施保障。通过加强军队环境污染治理工作的组织领导、确保污染治理设置的正常运行、健全军队环境保护法规体系、提高军事设施的环境管理水平等方面确保规划得到落实。

第五章　军队环境影响评价管理

军队的生存和发展离不开适宜的环境条件，军队武器装备的使用、军事设施的建设和军事训练等军事活动的开展等，也会对环境产生明显的影响。军事区域环境与其所处地域的环境密不可分，相互制约、相互影响。因此，为了预防和减轻军队规划、计划和建设项目实施后对环境造成不良影响，促进战备、训练和环境协调发展，必须在有关活动实施前，按照有关规定进行环境影响评价。

《中国人民解放军环境影响评价条例》第二条规定：本条例所称环境影响评价，是指对军队规划、计划和建设项目实施后可能造成的环境影响进行分析、预测和评估，提出预防或者减轻不良环境影响的对策和措施，进行跟踪监测的方法与制度。

第一节　综　述

一、军队环境影响评价的发展历程

我军的环境影响评价工作基本上是与国家的环境影响评价工作同时起步的。1979 年公布的《中华人民共和国环境保护法（试行）》，首次把对建设项目进行环境影响评价作为法律制度确立下来。1982 年 3 月，经中央军委批准，中国人民解放军总参谋部、总政治部、总后勤部联合颁布了《中国人民解放军环境保护暂行条例》，明确规定：“建设单位及其主管部门，应对基本建设工程的环境保护负责，凡是对环境造成污染的工程项目，必须编制环境影响报告书，上报计划任务书和扩大初步设计，须有环境保护篇章和内容，经批准后列入计划。计划部门、建设部门应严格把关，环境保护部门应认真审查监督，确保建设项目符合环境保护要求。”《中国人民解放军环境保护暂行条例》颁布后，以军队企业单位开展对有关技术改造和扩建项目的环境影响评价工作为标志，军队单位在军用机场、码头、训练场、仓库等军事设施建设项目中也陆续开展了环境影响评价工作。

根据《中国人民解放军环境保护暂行条例》的规定，全军和各大单位先后在总部和军区级单位的机关组建成立了环境保护监督监测总站、环境保护监督监测中心站，全军和各大单位环境保护委员会在有关军队科研院所相继成立了军队环境保护科研中心、军队环境监测科研中心、环境保护工程科研中心以及环境保护科学研究所、环境工程系等监督、教学、评价和科研机构，加大对军事设施、军事活动环境影响和污染防治的监督力度，着力培养军事环保人才，开展军事环境保护与军事环境影响评价的科学研究。从 1985 年到 1990 年，按照国家有关标准，经过国家环境保护行政主管部门的严格考核，有 4 家军队单位先后获得国家建设项目环境影响评价甲级资质证书。这些为军队贯彻落实国家环境影响评价制度、开展军事设施建设项目环境影响评价奠定了一定的基础。

1989 年 12 月，国家公布施行《中华人民共和国环境保护法》后，军队根据该法的要求，结合军队的实际，于 1990 年 7 月以中央军委命令的形式发布了《中国人民解放军环境保护条例》。该条例有 5 条对军队工程建设项目环境影响评价工作的实施、管理和奖惩等做出了明确规定。1991 年 7 月发布施行的《中国人民解放军工程建设管理条例》，对军队工程建设中的环境保护要求也做出了相应的规定。在总部和各大单位制度实施的一系列军事环保的规章制度和政策文件中，也都对军队工程设施建设项目执行环境影响评价制度做出了规定。这就在制度上推进了军事环境影响评价工作的发展。从 1982 年开始，军队先后在成都军区对某弹药仓库进行了生态环境影响评价，在空军上海机场、武汉机场、郑州机场迁建项目，海军 1120 扩建工程项目、1112 新建工程项目等一系列军用机场、码头、训练场、仓库等军事设施建设项目中开展了环境影响评价工作。

2004 年 8 月 31 日，中央军事委员会会重新修订颁发了《中国人民解放军环境保护条例》，该条例第三十一条规定：军队环境保护实行环境影响评价制度。编制军事、后勤和装备建设与发展规划，应当对规划事项可能造成的环境影响做出分析、预测和评估，提出预防或者减轻不良环境影响的对策和措施。组织军事演习、装备试验、装备采购、报废装备处理和工程建设，应当按照规定进行环境影响评价。同时，条例还对不按规定进行环境影响评价的行为做出了明确的处罚规定。新的军队环境保护条例的颁布实施，为新时期军队环境保护工作提供了基本依据，是军队环境保护和环境影响评价工作走上法制化、规范化轨道的重要标志。

2006 年 3 月 4 日，中央军委发布《中国人民解放军环境影响评价条例》，对军队环境影响评价的范围、规划、计划的环境影响评价、建设项目的环境影响评价、环境影响评价机构与人员以及奖惩等做出了规定，明确了军队环境影响评价的原则和主管部门，对规划、计划和建设项目进行环境影响评价的内容和程序，评价机构资质和人员资格的要求，以及监督管理机制等，建立了一套既符合国家有关法律法规要求又符合军队实际的环境影响评价管理制度。

与此同时，为了确保军队环境影响评价工作有序、规范开展，全军环保绿化委员会和总后勤部从 2006 年 9 月开始，陆续制定颁发了《军队工程建设项目环境影响评价分类管理目录》《军队环境影响评价机构资质管理办法》《军队环境影响评价人员资格管理办法》《军队环境影响评估管理办法》等四个配套法规和《军队环境影响评价技术导则——总纲》《军队环境影响评价技术导则——工程建设项目》《军队环境影响评价技术导则——规划》《军队环境影响评价技术导则——计划》等四个技术导则，初步形成了具有军队特色的军队环境影响评价技术、标准和管理体系。为了保证环境影响评价制度的全面落实，各单位正在积极选定充实军队环境影响评价机构，准备考核认可军队环境影响评价机构和人员的资质。2007 年 4 月，全军在武汉举办了第一期军队环境影响评价管理干部培训班；2007 年 5 月，总参军务部和总后基建营房部联合颁发了《关于环境监测监督机构兼负环境影响评估职能和对外名称等问题》的通知；2007 年 6 月，全军召开军队环境影响评价评估工作座谈会，为全军环境影响评估中心和 13 个军区级单位的环境影响评估中心正式挂牌，从各个方面全方位确保军队环境影响评价工作的大面积顺利展开。

二、军队环境影响评价的基本特征

（一）范围广

军队环境影响评价条例既规定建设项目必须执行的环境影响评价制度，也规定对环境有重大影响的有关军用土地利用规划必须执行的环境影响评价制度，还规定对环境可能产生重要影响的军事活动计划也必须执行环境影响评价制度。

（二）具有法律强制性

军队环境影响评价制度是国家和军队有关法规和条例明令规定的一项法律制度，以法律形式约束必须遵照执行，具有不可违背的强制性，所有对环境有影响的建设项目、规划、计划等都必须严格执行这一制度。

（三）纳入工程建设程序

军队建设项目的环境管理应当纳入工程建设程序管理中。对各种投资类型的项目都要求在可行性研究阶段或开工建设之前，完成其环境影响评价的报批。环境影响评价和基本建设制度密切结合。

军事活动环境影响评价是国家环境影响评价工作的重要组成部分，与其他行业环境影响评价相比，具有许多相同之处，亦有自己鲜明的军事特色。一是不确定性大。由于军事活动应对情况的随机性，导致军事部署和涉及地域的不确定，使军事活动环境影响评价的不确定性大大增强。二是时限性强。由于军事活动一般都具有决策急、行动快、时间紧的特点，因此对军事活动环境影响评价的时效性要求很高。三是约束力有限。军队的一切活动都是为一定军事任务服务的，环境影响评价工作亦不能例外。通过环境影响评价，准确评价和预测军事活动对环境的可能影响，并提出积极可行的预防对策，力争把对环境的影响减少到最低程度，在同样可以满足军事需要的前提下，使决策者采用对环境影响和损害最小的方案。环境影响评价结论一般不能对所涉及的军事活动进行否决，也不能改变军事需要。

三、军队环境影响评价的管理程序和要求

（一）军队环境影响评价管理的一般程序

每一个对环境有重大影响的军队计划、规划和工程项目，从提出建

议到环境影响评价文件审查通过的全过程，每一步都必须按照法规的要求执行。

1．环境筛选

所谓环境筛选，是指对拟议行动可能产生的环境影响的重大性进行判断，从而对行动的环境影响评价的类别、等级和范围做出符合法规规定、切合实际情况的规定。

《中国人民解放军环境影响评价条例》对军队规划、计划和建设项目等可能对环境产生重大影响的活动范围进行了具体规定，要求必须进行环境影响评价。这就是所谓的“四区一地规划”：营区、港区、场区、库区、阵地建设等涉及军用土地利用的规划；“八大军事活动计划”：战备、训练、物资储运和装备研制、采购、试验、修理、报废等军事活动计划；以及军队工程建设项目。

建设项目的环境影响分为 A、B、C 三类，分别提出不同的评价和审批要求，并相应提出了以下筛选标准：

A 类项目：其环境后果严重，可能对环境造成重大的不利影响。这些影响可能是敏感的、不可逆的、多种多样的、综合的、广泛的、带有行业性的或以往尚未有过的。对这类项目要做全面的环境影响评价。

B 类项目：其环境影响程度有限，可能会对环境产生有限的不利影响。这些影响是较小的、不很敏感的、数量不是很多的、不是重大的或不是很不利的，其影响要素中极少数是不可逆的，并且减缓影响的补救措施是很容易找到的，通过采用规定的控制或补救措施是可以减缓对环境的影响的。这类项目一般不要求进行全面的环境影响评价，但需做专项的环境影响评价。

C 类项目：其环境后果不严重，对环境不产生不利影响或影响极小。这类项目一般不需要开展环境影响评价，只办理环境保护管理备案（填报告表）手续。

这个筛选分类与《中华人民共和国环境影响评价法》以及《中国人民解放军环境影响评价条例》中的规定基本对应。

2．评价工作大纲的编制

环境影响评价工作大纲，是环境影响报告书的总体设计和行动指南，是指导环境影响评价工作的技术文件，也是检查报告书内容和质量是否符合规定的主要判断依据。

依据环境筛选的结果，需要进行环境影响评价的，活动的主管部门或者项目的建设单位，必须组织专门力量或者委托有环境影响评价资质的单位进行活动的环境影响评价。承担评价任务的单位应在充分了解有关法规、活动文件与资料以及初步现场调查和分析的基础上，编制环境影响评价工作大纲，并据此正式开展相关的环境影响评价工作。

3．环境影响评价文件的编制

评价单位应当根据批准的环境影响评价类别和等级，按照评价工作大纲的要求，与环保主管部门、建设单位、受项目影响的团体与群众保持密切联系，广泛听取各种意见，严格执行有关法规、标准，按照规定完成活动相关环境影响评价文件的编制。

4．环境影响评价文件的审查

评价单位编制成的环境影响评价文件，由委托单位组织有关评估机构或者专家进行技术审查，并由环境影响评价单位修改完善后，按照规定的程序递交环保主管部门或者活动规划、计划的审批机关。军队环境影响评价文件审批机关，受理环境影响评价文件并经初审认可后，委托本级军队环境影响评估或者组织专家评审会，对已受理的环境影响评价文件进行全面、系统的审查；审查通过后由环保主管部门和活动的审批机构批准实施。如在审查中提出修改或否定的意见，评价单位应对环境影响评价文件进行修改或重做。

5．环境影响评价文件的批准和实施

环境影响评价文件经批准后，活动审批机关方可批准建设项目设计任务书或活动的规划、计划。环境影响评价文件中提出的各项评价结论和消减负面环境影响的措施必须在项目或活动的设计、实施和运行过程中全面落实。

6．监测和事后评价

拟议的行动或项目实施或投入运行后，有关单位和部门应按照环境影响评价文件要求开展监测，并对其结论进行验证和事后评价，以核查环境影响评价文件对策和结论的正确性，必要时采取补救措施。

（二）军队环境影响评价管理的一般要求

1．切实加强领导

依法对环境影响评价工作实施监督检查，对环境影响评价文件进行审批等，是环境保护主管部门的重要职责，是确保环境影响评价客观、科学，能够为有关机关和部门在做出审批规划、计划和建设项目的决策时，提供科学、有价值的依据的重要措施，也是确保环境影响评价所提出的对策措施真正落实的重要保证。但由于种种原因，在实际工作中，环境保护主管部门依法履行职责往往会有很大的阻力和难度。因此，为了保证环境影响评价制度真正在军队得到全面落实，并发挥应有的作用，关键仍在于各级首长的重视和支持。各级首长和机关应当加强对环境影响评价工作的领导，支持军队环境保护主管部门依法履行职责。

2．确保军事需要

满足军事功能需要、充分体现可持续发展思想，既是军队环境影响评价的一个重要内容，也是军队环境影响评价的显著特色。军队建设项目或者其他军事活动的组织者和实施者，必须严格执行环境影响评价制度，认真落实环境影响评价的结论和要求，以最大限度地保证各种军事需求能够得到可持续的满足，确保军队建设的可持续发展。为此，在军队环境影响评价的组织和实施中，必须坚决贯彻落实科学发展观，始终坚持可持续发展战略和循环经济理念，严格遵守国家和军队的有关法律法规和政策，切实遵循符合军事需要，切实保障战备；符合国家的有关政策和法规；符合流域、区域功能区划、生态保护规划和国家、地区总体发展规划；符合污染物达标排放和区域环境质量的要求等军队环境影响评价管理的基本原则。

3．重视基础工作

环境影响评价首先是一种科学方法或者技术手段，是运用自然科学和社会科学的各个学科的研究成果，对评价对象可能涉及的自然生态、大气、水体、固体废物、水文、气象、地质、地震、土壤、作物、噪声、振动、动物、植物、水生生物、放射性、电磁波以及社会经济、军队发展、文物古迹和人体健康等多种因素进行分析、预测和评估，综合分析各种专项评价结果，得出评价结论，为决策提供科学依据。环境影响评价的结论，是否真实反映了客观实际情况、具有一定科学性，与评价所采用的方法和技术规范是否科学，以及评价中所涉及的各种环境因素是否完备、数据是否精确，都有着直接联系。因此，加强环境影响评价的基础数据库和评价指标体系建设，积极开展对环境影响评价方法、技术规范的科学研究，对于提高环境影响评价的科学性具有重要意义。

环境影响评价涉及许多领域，关系到很多部门，需要运用多种数据信息。为了发挥各专业部门在各专业方面的信息优势，建立必要的环境影响评价信息共享制度，促进各部门、各单位之间在环境影响评价方面的信息交流和信息共享，对于更好地进行环境影响评价工作是很有必要的。

因此，军队环境保护主管部门要会同有关部门，组织建立和完善军队环境影响评价的基础数据库和评价指标体系，积极组织各相关单位，积极开展军队环境影响评价方法、技术规范的科学研究，以不断推进军队环境影响评价工作的创新和发展，切实提高军队环境影响评价的科学性和有效性。

4．抓好环境筛选审查

环境筛选的审查，一般应当由军区级以上环境保护主管部门负责，并应当依据环境筛选审查结果，确定活动的环境影响评价类别。

通过环境筛选，可以帮助有关业务部门、建设单位、设计单位和评价单位及时地、实际地对待活动可能带来的环境问题；研究拟定出适当的预防、减缓和补偿措施，以减少对活动的制约条件；避免由于未预见到的环境问题所带来的额外费用、时间上的拖延以及不必要的环境评价工作。

5．严格评价资质管理

环境影响评价是一项政策性强、专业技术涉及面广的工作，同时还必须承担相应的经济、军事和法律责任，不是任何机构都可以承担的，更不可能仅仅依靠个人的力量和专业水平来完成。为了保证军队环境影响评价的工作需求、工作质量和保密要求，《中国人民解放军环境影响评价条例》规定，军队规划、计划的环境影响评价，由规划、计划编制单位组织实施，军队建设项目的环境影响评价，由建设单位委托具有相应资质的军队环境影响评价机构实施。确需委托军队以外的环境影响评价机构实施的，应当报项目审批机关本级的环境保护主管部门批准。有特殊保密要求的建设项目环境影响评价，由建设单位按照《中国人民解放军环境影响评价条例》的有关规定组织实施。环境影响评价机构应当具有相应资质，按照资质证书规定的等级和评价范围，从事环境影响评价服务，并对评价结论负责。

对环境影响评价实行分类管理、资格审核和从业人员持证上岗制度，是环境影响评价制度的重要内容。环境影响评价是准确认识经济、社会、军事与环境协调发展的科学方法，是保护环境、实现预防为主方针，控制新的环境污染产生和新的生态破坏的有效手段，具有判断、预测、选择和导向作用，对重大行动的决策具有重大意义。因此，从事环境影响评价的管理和技术人员，必须熟练掌握环境影响评价的基本原理和技术方法，了解环境影响评价的基本要求和最新理论以及发展动向，具有权威部门颁发的资格证书，才能保证环境影响评价工作的质量。为了有效防止环境影响评价结论的偏差和失误，规范环境影响评价行为，强化环境影响评价责任，提高环境影响评价专业人员的素质和业务水平，更好地维护军事环境安全，环境影响评价条例规定，从事军队环境影响评价工作的技术人员和管理人员，应当经过相关专业培训，具备相应资格。

6．严格质量管理

军队环境保护主管部门，要按照规定加强对环境影响评价的质量进行监督。环境评价单位应建立质量保证制度，编制其资料收集、监测分析、野外实验、物理模拟、数字模型的标定验证、数据处理等方面的质量保证大纲。建立环境影响评估专家评审质量保证措施，保证评估机构和评估专家对环境影响评价文件的审评质量。

7．严格审批程序

（1）建设单位的技术审查。

军队环境影响评价文件上报审批前，活动的组织单位应当委托军队环境影响评估机构或者组织相关专业的专家，对环境影响评价文件进行审查，以确保环境影响评价文件的编制质量。

（2）办理部门的预审。

军队建设项目立项或活动规划、计划的办理部门对建设项目或活动环境影响评价文件的预审，属于从部门角度的预先把关，负责预审的部门应当依法提出审查意见并对审查意见负责。

（3）评估机构审核。

军队环境保护主管部门或者活动规划、计划的审批机关，在对其相关环境影响评价文件正式审批前，要按照规定委托本级军队环境影响评估机构，或者组织相关专业的专家，对其环境影响评价文件进行全面的技术评估审核，对环境影响评价的技术方法和评价文件的结论进行技术审查，并形成正式的书面审查意见，为环境影响评价文件审批机关审批提供科学依据，为决策提供可靠的技术支持。

（4）环保部门审批。

环境影响评价文件的审批机关，应当依据评估机构的审核结论或相关专家组的审查意见，按规定对环境影响评价文件依法严格审查，做出是否予以批准的决定，并对最终审批结论负责。

8．强化监督管理

军队各级环境保护主管部门和有关单位，要认真落实军队环境影响跟踪评价、后评价和跟踪检查等制度，确保环境影响评价制度的真正落实。

四、军队环境影响评价机构和人员管理

对环境影响评价实行分类管理、资格审核和从业人员持证上岗制度，是环境影响评价制度的重要内容。根据《中国人民解放军环境影响评价条例》第二十六条和第二十七条关于“军队环境影响评价机构应当具有相应资质；从事军队环境影响评价的技术人员和管理人员，应当具备相应资格；军队环境影响评价机构资质和人员资格的管理考核办法，由总后勤部制定”的规定，2006 年 12 月，总后勤部制定发布了《军队环境影响评价机构和人员管理办法》。

（一）环境影响评价机构资质管理

环境影响评价是一项政策性强、专业技术涉及面广的工作，同时它还必须承担相应的经济、军事和法律责任，不是任何机构都可以承担的，更不可能仅仅依靠个人的力量和专业水平来完成。为了保证军队环境影响评价的工作需求和工作质量，该办法规定：“军队环境影响评价机构应当具有相应资质，按照资质证书规定的等级和评价范围，从事环境影

响评价服务，并对评价结论负责。”

1．环境影响评价机构资质管理的主管部门

《军队环境影响评价机构和人员管理办法》规定，全军环保绿化委员会办公室主管全军环境影响评价机构和人员管理工作；军区级单位环保绿化委员会办公室主管本单位环境影响评价机构和人员管理工作。全军环保绿化委员会办公室，受理和审批军队环评机构资质，负责对军队环评机构进行业务指导和监督管理；军区级单位环保绿化委员会办公室主要是对在本辖区内的环境影响评价机构进行业务指导和监督管理。

2．环境影响评价机构资质基本要求

军队环境影响评价机构，必须按照《军队环境影响评价机构和人员管理办法》的规定取得“军队环境影响评价资质证书”，方可从事军队环境影响评价工作。环境影响评价机构应当在批准的资质等级和评价范围内从事环境影响评价技术服务，并对环境影响评价结论负责。取得甲级评价资质的环境影响评价机构，可以在确定的评价范围内，承担各级环境保护主管部门审批的环境影响报告书或者环境影响报告表的编制工作；取得乙级评价资质的环境影响评价机构，可以在确定的评价范围内，承担军区级单位环境保护主管部门审批的环境影响报告书或者环境影响报告表的编制工作。

为军队建设项目环境影响评价提供技术服务的军外环境影响评价机构，应当取得国家“建设项目环境影响评价资质证书”，并必须经建设项目审批机关本级的环保绿化委员会办公室审查批准。

3．军队环境影响评价机构的资质分类

军队环境影响评价机构资质分为甲级和乙级两个级别；“军队环境影响评价资质证书”分为正本和副本，由全军环保绿化委员会办公室统一制发，有效期为 4 年。

（1）军队甲级环境影响评价机构条件。

军队甲级环境影响评价机构应当具备下列条件：

①具有固定的工作场所，配备与评价范围一致的专项仪器设备，具备文件和图档的数字化处理能力，有较完善的档案管理系统；

②配备与承担任务相称的专业技术人员，要有 15 名以上取得环境影响评价资格证书，其中 4 名以上具有高级专业技术职称或者取得国家

环境影响评价工程师职业资格；

③环境影响报告书评价范围内的每个类别，应当配备 2 名以上具有高级专业技术职称或者取得国家环境影响评价工程师职业资格的技术人员；

④具有健全的环境影响评价工作质量保证体系；

⑤能够独立编制污染因子复杂或者生态环境影响重大的建设项目和规划、计划的环境影响报告书；

⑥能够独立完成建设项目的工程分析、环境要素和生态环境的现状调查与预测评价以及环境保护措施的军事、经济、技术论证；

⑦能够独立分析、审核协作单位提供的技术报告和监测数据。

（2）军队乙级环境影响评价机构条件。

军队乙级环境影响评价机构应当具备下列条件：

①具有固定的工作场所，配备与评价范围一致的专项仪器设备，具备文件和图档的数字化处理能力，有档案管理系统；

②配备与承担任务相称的专业技术人员，有 8 名以上取得环境影响评价资格证书，其中有 2 名以上具有高级专业技术职称或者取得国家环境影响评价工程师职业资格；

③环境影响报告书评价范围内的每个类别，应当配备 1 名以上具有高级专业技术职称或者取得国家环境影响评价工程师职业资格的技术人员；

④具有健全的环境影响评价工作质量保证体系；

⑤能够独立编制建设项目的环境影响报告书或者环境影响报告表；

⑥能够完成建设项目的工程分析、环境要素和生态环境的现状调查与预测评价，以及环境保护措施的军事、经济、技术论证；

⑦能够分析、审核协作单位提供的技术报告和监测数据。

4．军队环境影响评价机构资质管理程序

（1）申请。军队环评机构的资质申请，由拟申请机构直接按照有关规定向全军环办提交申请材料。一般不再需要所在单位环办把关和审查。申请环境影响评价资质的机构，应当提交的材料主要包括以下四项内容：

①书面申请报告。书面申请报告按照军队公文条例的规定，由拟申

请单位以“请示”的形式，向全军环办正式行文提出；

②军队环境影响评价资质申请表。军队环境影响评价资质申请表格式以及填报要求，详见《军队环境影响评价机构和人员管理办法》；

③环境影响评价人员资格证书复印件；

④环境影响评价工作质量保证体系的相关文件，主要包括环境影响评价机构质量管理手册等。

（2）审查。全军环保绿化委员会办公室负责环评机构申请材料的受理，并应当自受理申请之日起 30 日内，组织或者委托全军环境影响评估中心对申请材料组织审查。必要时，还需要派审查人员对申请机构进行现场评审考核。

（3）审批。全军环保绿化委员会办公室对经审查，符合条件的颁发“军队环境影响评价资质证书”；不符合条件的，书面通知有关环境影响评价机构并说明理由。在审批军队环境影响评价机构评价资质等级的同时确定其评价范围。

军区级以上单位环保绿化委员会办公室应当加强对在本辖区内环境影响评价机构的业务指导和监督管理，对其资质条件和环境影响评价工作质量不定期组织抽查，并适时通报有关情况。

（4）资质延续。办法规定，“军队环境影响评价资质证书”有效期满需要延续的，环境影响评价机构应当于有效期届满 90 日前提出延续申请，并提交《军队环境影响评价机构和人员管理办法》第七条规定的材料、环境影响评价工作业绩证明以及“军队环境影响评价资质证书”正、副本原件。全军环保绿化委员会办公室应当对申请材料组织审查，符合条件的，重新颁发“军队环境影响评价资质证书”；不符合条件的，书面通知有关环境影响评价机构并说明理由。

（5）资质撤销。有下列情况之一的，全军环保绿化委员会办公室应当注销其评价资质：环境影响评价机构“军队环境影响评价资质证书”有效期满未申请延续的或者法人资格终止的；以欺骗、贿赂等不正当手段取得“军队环境影响评价资质证书”的；涂改、倒卖、出租、出借“军队环境影响评价资质证书”的；超越评价资质等级、评价范围提供环境影响评价技术服务的。

目前具有军队甲级资质的环境影响评价机构主要有：后勤工程学院

环境保护科学研究所、防化研究院（同时具备国家环境影响评价甲级资质），军事医学科学院、海军核化安全研究所（同时具备国家环境影响评价乙级资质），防化学院、总后建工所，空军装备研究院以及各军区级单位的环境监测站等。

（二）军队环境影响人员资格管理

1．基本要求

从事环境影响评价的管理和技术人员，必须熟练掌握环境影响评价的基本原理和技术方法，了解环境影响评价的基本要求和最新理论以及发展动向，具有权威部门颁发的资格证书，才能保证环境影响评价工作的质量。为了有效防止环境影响评价结论的偏差和失误，规范环境影响评价行为，强化环评责任，提高环境影响评价专业人员的素质和业务水平，更好地维护军事环境安全，《军队环境影响评价机构和人员管理办法》规定，军队环境影响评价人员，必须经过相关专业培训，按照本办法的规定取得“军队环境影响评价人员资格证书”，方可从事军队环境影响评价工作，并对参与或者主持完成的相关工作承担相应责任。

2．环境影响评价人员资格管理的主管部门

《军队环境影响评价机构和人员管理办法》规定，全军环保绿化委员会办公室主管全军环境影响评价机构和人员管理工作；军区级单位环保绿化委员会办公室主管本单位环境影响评价机构和人员管理工作。

3．资格管理

（1）考试申请

军队环境影响评价人员的考试工作，由全军环保绿化委员会办公室或者委托全军环境影响评估中心组织。

（2）证书管理

经考试合格者，由全军环保绿化委员会办公室颁发统一印制的“军队环境影响评价人员资格证书”，并在全军环保绿化委员会办公室委托的机构——全军环境影响评估中心注册。

取得国家环境保护主管部门颁发的“环境影响评价人员资格证书”的人员，可以在证书的有效期内，直接领取或换发“军队环境影响评价人员资格证书”；获得国家“环境影响评价职业工程师”资格的人员，可以直接领取“军队环境影响评价人员资格证书”。

“军队环境影响评价人员资格证书”的有效期为4年。有效期满前，环境影响评价人员所在环境影响评价机构应当重新向全军环保绿化委员会办公室委托的机构申请注册。

（3）管理培训

取得“军队环境影响评价人员资格证书”的人员，可以从事环境影响评价、环境影响后评价、环境影响技术评估和环境保护验收等工作。环境影响评价人员应当不断更新知识，并按规定参加由军区级以上单位环保绿化委员会办公室组织的专业技术培训和继续教育。

（4）资格撤销

对在军队环境影响评价工作中玩忽职守、弄虚作假，致使环境影响评价文件失实的，或者不按照规定参加相关专业技术培训和继续教育的，可由发证单位注销其资格。

第二节　军队规划、计划环境影响评价管理

一、概述

规划是指比较全面、长远的发展计划。计划是指人们对未来事业发展所做的预见、部署和安排，具有很大的决策性。它一般具有明确的预期目标，规定具体的执行者及应采取的措施，以保证预定目标的实现。我国的一般情况是，凡调控期间为五年或者五年以上的部署和安排，不论名称为计划还是规划，均属于规划。在国外，规划指的就是计划。随着社会生产力的发展，社会化和军队现代化程度的提高，经济生活、社会生活和军事活动日趋复杂和多样化，计划和规划日益成为人们组织社会生产活动的重要管理方法，更是组织军事活动的重要管理方法。军队规划、计划的实施往往会给经济、社会、军事和环境带来广泛的影响。因此规划、计划的环境影响评价，对促进军事活动与社会、经济和环境的协调发展具有重要作用。

在《环境影响评价法》施行以前，我国的环境影响评价制度基本上都是针对具体建设项目的。建设项目环境影响评价制度的确立和实施，对于贯彻预防为主的环境保护方针，防止或减轻新的环境污染和生态破

坏，发挥了十分重要的作用。但长期以来的实践也证明，仅对具体的建设项目进行环境影响评价，还不能满足全面保护环境、实现可持续发展的要求。相对于具体的建设项目而言，规划的实施对环境造成的影响更为广泛。规划和具体建设项目之间，通常是“源头”和“末端”的关系。如果在制定规划时，就做好环境影响评价工作，对规划实施后可能造成的环境影响进行科学地分析、预测和评估，提出预防或者减轻不良环境影响的对策和措施，保证规划符合环境保护的要求，这显然有利于在更大范围内，从源头上、总体上控制开发建设活动对环境的不良影响，促进实现可持续发展的目标。根据国家环境影响评价法的基本原则和要求，《中国人民解放军环境影响评价条例》将军队环境影响评价制度的范围，从建设项目扩大到有关的规划、计划，确立了对军队有关规划、计划进行环境影响评价的法定制度，既使军队的环境影响评价工作做到与国家要求同步，也使具有军队特色的军事环境影响评价制度更趋完善。

需要说明的是，这里所讲的规划、计划环境影响评价，是指对规划或者计划事项的实施，可能对环境造成的影响分析、预测和评估，而非计划规划的文本本身。

二、规划、计划环境影响评价的范围

《中国人民解放军环境影响评价条例》第三条规定：“编制本条例规定范围内的规划、计划，组织实施对环境可能造成影响的建设项目，应当依照本条例进行环境影响评价。”第七条规定：“军级以上单位有关主管机关组织编制营区、港区、场区、库区、阵地建设等涉及军用土地利用的规划，应当在规划编制过程中组织进行环境影响评价；军级以上单位有关业务主管部门组织编制对环境可能造成影响的战备、训练、物资储运和装备研制、采购、试验、修理、报废等军事活动计划，应当在计划草案上报审批前，组织进行环境影响评价。”

（一）军队规划环境影响评价的具体范围

依照条例的规定，需要进行环境影响评价的军队规划，主要是指涉及军用土地利用（包括建设、改造、储备、绿化、自然资源开发等）并由下列主体组织编制的营区、港区、场区、库区、阵地等“四区一地”建设规划：

总部有关业务主管机关，如总参谋部的作战部、军训和兵种部、技术情报侦察部、陆军航空兵部、管理保障部等，总后勤部的司令部、基建营房部、军需物资油料部、军交运输部、卫生部等，总装备部的司令部、后勤部、综合计划部、通用保障部等业务机关组织编制的有关规划；

大军区、军兵种及其司、后（联）、装机关和所属相关业务主管机关组织编制的有关规划，包括国防大学、军事科学院和国防科技大学组织编制的有关规划；

管辖部队的军级单位及其司、后（联）、装机关组织编制的有关规划。

需要特别说明的是，条例规定的所谓“军用土地利用”，既包括现在由军队管理和使用的土地，也包括拟征用和划拨用于新的军事设施建设、将来也要由军队管理和使用的土地。

（二）军队计划环境影响评价的具体范围

依照条例规定，需要进行环境影响评价的计划，主要是指对环境可能造成影响的并由下列主体组织编制的战备、训练、物资储运和装备研制、采购、试验、修理、报废等八类军事活动计划：

总部及其有关业务主管部门，如总参谋部及其作战部、军训和兵种部、技术情报侦察部、陆军航空兵部、管理保障部等，总后勤部及其司令部、基建营房部、军需物资油料部、军交运输部、卫生部等，总装备部及其司令部、后勤部、综合计划部、通用保障部、科研订购部、军兵种装备部、电子信息基础部等业务部门组织编制的有关军事活动计划；

大军区、军兵种及其司、后（联）、装机关和所属相关业务主管部门组织编制的有关军事活动计划，包括国防大学、军事科学院和国防科技大学组织编制的有关军事活动计划；

管辖部队的军级单位及其司、后（联）、装机关和所属相关业务主管部门组织编制的有关军事活动计划。

三、规划、计划环境影响评价的组织实施

（一）规划、计划环境影响评价的时机

按照《中国人民解放军环境影响评价条例》的规定，需要进行环境影响评价的规划，应当在规划编制过程中组织进行环境影响评价；需要进行环境影响评价的计划，应当在计划草案上报审批前，组织进行环境

影响评价。

规划的环境影响评价只有在规划的编制过程中进行，才可能实现环境影响评价制度的目的。如果规划尚未编制就开始进行环境影响评价，评价对象不明确，没有针对性，失去了评价的实际意义；如果在上报审批之后再进行环境影响评价，就不能及时发现规划实施可能造成的环境影响，不能及时给上级审批机关提供科学决策的依据，也会拖延文件的正常审批和实施，同样使评价工作达不到预期效果。

计划的环境影响评价，应当从计划形成初步方案时开始进行。同时，在计划编制的开始阶段就应当考虑对环境可能造成的影响，在军事、经济、技术可行的条件下，选择对保护环境尽可能有利的计划方案，将环境保护的要求贯穿于计划编制过程的始终。有些可以提前进行的工作（如活动区域环境现状的调查等），也应当在计划初步方案形成以前就开始着手，以缩短环境影响评价的时间，提高效率。

（二）规划、计划环境影响评价的组织与实施

《中国人民解放军环境影响评价条例》第八条规定："规划、计划的环境影响评价，由规划、计划编制单位组织实施。规划、计划的编制单位，应当根据所编制的规划、计划的性质和自身的环境影响评价技术力量等不同情况，既可以自己独立对规划、计划进行环境影响评价并编写环境影响报告书，也可以组织有关部门、机构的专业人员组成评价组，对规划、计划进行环境影响评价并编写环境影响报告书，还可以委托专门的环境影响评价机构对规划、计划进行环境影响评价并编制环境影响报告书。"

四、规划、计划环境影响评价的文件形式及内容

（一）规划、计划环境影响评价文件的形式

《中国人民解放军环境影响评价条例》第八条规定："规划、计划的环境影响评价，应当按照规定编制环境影响评价报告书。"

为什么规划、计划的环境影响评价要编制报告书呢？一是由于规划和计划环境影响评价的重要性；二是为了促使规划、计划的编制单位在规划、计划的编制过程中，充分考虑可能造成的各种环境影响，尽可能选择对保护环境最为有利的规划、计划方案；在不能避免对环境造成不良影响的情况下，研究提出预防或者减轻不良环境影响的对策和措施，

使规划、计划既满足军事需要，又符合环境保护要求；三是为了使规划、计划的审批机关充分了解该规划、计划实施后可能造成的环境影响，以便按照可持续发展的要求，在规划、计划审批时做出正确的决策。

（二）规划、计划环境影响评价报告书的基本内容

《中国人民解放军环境影响评价条例》第九条对规划、计划环境影响评价报告书的基本内容进行了规定。

1．实施该规划、计划对环境可能造成影响的分析、预测和评估

例如，对营区建设规划，应当在对规划区域环境质量现状、污染物承载能力等因素进行调查的基础上，根据规划区内拟安排的建设项目的性质、规模、用途、功能、各类污染物的排放总量和排放方式等情况，综合分析规划实施后可能对大气、地表水、地下水、土壤与生态、人群健康、文物等环境要素的影响，做出相应的预测和评估。

2．预防或者减轻不良环境影响的对策和措施

根据对实施该规划、计划可能造成的环境影响的分析、预测和评估，提出预防或者减轻不良环境影响的对策和措施，如建立排污总量控制措施，合理进行项目选址，合理设置排污口，实行污水集中处理，根据项目的不同情况采取有效的污染治理措施等，以预防或者减轻规划实施后可能造成的不良环境影响。当然，提出这些措施，既要考虑环境保护的要求，也要考虑满足军事的需要，还要考虑经济、技术可能达到的条件。对此应当采取积极的态度，在经过努力，经济、技术条件可以达到的情况下，提出最有利于预防或者减轻不良环境影响的对策和措施。

3．环境影响评价结论

对规划、计划实施后可能造成的环境影响及采取的对策、措施做出结论性的意见，评价该规划、计划是否符合环境保护的要求，并提出相应的建议。

条例规定的规划、计划环境影响评价报告书的内容，是法定必须载明的内容。即军队规划、计划的环境影响评价报告书的内容不能少于上述三项。由于我们国家和军队目前对规划、计划的环境影响评价，总体上还处于试点和探索阶段，缺乏成熟的经验。随着实践的深入和经验的积累，有关主管部门将对军队规划、计划的环境影响评价制定出统一的技术规范。并将在学习、借鉴国家和发达国家军队有效做法的基础上，

对军队规划、计划环境影响评价报告书的内容做出更为具体的规定。

五、规划、计划环境影响评价报告书的报送审查

（一）规划、计划环境影响评价报告书的报送

为了使规划、计划的审批机关能够全面了解报批的规划、计划草案的环境影响评价结果，对规划、计划草案是否符合环境保护的要求，所采取的环境保护对策和措施是否合理可行等做出准确判断，以便更加科学地进行决策，《中国人民解放军环境影响评价条例》规定："规划、计划编制单位在报批对环境可能造成影响的规划、计划草案时，必须将该规划、计划的环境影响评价报告书一并报送审批机关审查。"为了保证对规划、计划的环境影响评价报告书审查制度的落实，条例规定："对未报送环境影响评价报告书的规划、计划草案，审批机关不予审批。"

（二）规划、计划环境影响评价报告书的审查

上级审批机关在审批规划、计划草案时，通常采取召开常务会议、首长办公会议等形式，进行讨论审查，做出决策。由于规划、计划环境影响评价报告书的政策性和技术性较强，加之时间有限，有关负责人也不可能都是各类规划、计划涉及的环境影响方面的专家，不可能对与规划、计划草案一起报送来的规划、计划环境影响评价报告书做很细致、很专业的审查。为了不使审批机关对规划、计划环境影响评价报告书的审查流于形式，《中国人民解放军环境影响评价条例》第十一条规定：规划、计划的环境影响评价报告书，由该规划、计划审批机关本级的环境保护主管部门或者审批机关指定的其他部门，组织有关部门的代表和相关专业的专家组成审查小组进行审查，并提出书面审查意见。由有关部门的代表和相关专业的专家组成审查小组，先进行审查把关，从专业技术的角度对环境影响评价报告书提出书面审查意见，这是保证审批机关决策科学化的重要保障。

环境保护主管部门是军队负责环境保护管理的职能部门，军队规划、计划环境影响评价报告书的审查，应当由审批机关负责环境保护工作的主管部门作为召集单位，组织有关部门和人员对规划、计划的环境影响评价报告书进行审查。只有在规划、计划草案在环境影响方面的争议较大，又涉及环境保护主管部门时，或者规划、计划涉及事项非常重

大，环保部门不适宜介入时，审批机关才可以指定其他部门作为召集单位，组织有关部门和人员对规划、计划的环境影响评价报告书进行审查。

审查小组专家的组成，主要是从相关部门的专家库中，抽取与规划、计划环境影响评价相关专业专家组成。专家一般是从专业的角度提出个人意见。部门代表主要是从与规划、计划环境影响评价有关的部门中选择，部门代表主要是从部门工作的角度提出专业部门的审查意见。需要注意的是，召集人不能代替审查小组的职能，对环境影响报告书的审查意见，应以审查小组的名义提出，并要特别附上有保留的不同意见，供审批机关决策参考。

（三）规划、计划环境影响评价报告书的审批

规划、计划的环境影响评价报告书，是规划、计划的审批机关审批规划、计划方案的重要依据，规划、计划的审批机关在审查规划、计划草案，做出批准或者不予批准的决定时，应当充分考虑规划、计划的环境影响评价结论和专家审查小组对规划、计划环境影响评价报告书的审查意见，一般不单独行文审批，通常主要有下列几种处理方式：

当专家审查小组的审查意见认为该规划、计划环境影响评价报告书存在重大问题时，如评价方法错误、评价结论严重失实等，规划、计划的审批机关应当做出不予审批规划、计划的决定，并要求规划、计划的编制单位重新组织进行规划、计划的环境影响评价；

当环境影响评价报告书结论和审查意见认为该规划、计划草案符合环境保护要求，规划、计划审批机关经审查也认为所提出的环境保护措施和对策合理可行的，应当作为批准规划、计划草案的重要依据；

当环境影响评价报告书结论和审查意见认为该规划、计划草案的内容不符合环境保护要求或者应当加以修改的，如果规划、计划审批机关从军队发展的要求，经济、技术的合理性、可行性等方面进行综合审查，认为所提出意见是正确的、合理的，则应做出不予批准该规划、计划草案，要求编制单位做进一步修改后重新报批的决定。

条例规定规划、计划的审批机关应当将环境影响报告书结论和对报告书的审查意见作为决策的重要依据，并不是说规划、计划的审批机关一定要采纳环境影响评价报告书的结论或者对报告书的审查意见。军事需求一定要满足，环境也必须要得到保护。在一定的条件下二者也会发

生矛盾，在现有的经济、技术条件下，我们还不能完全解决军事活动所带来的污染问题，这里就有一个合理选择的问题。如果规划、计划的审批机关从军事、经济、社会发展的要求，现有的经济、技术条件，环境保护的要求等多方面考虑，认为环境影响评价报告书结论或审查意见是不可行的，也可以不采纳。但规划、计划审批机关做出不予采纳的决定，应当慎重。为了增强规划、计划审批机关的环境保护责任心，条例规定，审批机关未采纳环境影响评价报告书结论或者对环境影响评价报告书的审查意见的，应当做出说明，并存档备查。

六、规划、计划环境影响评价的监督管理

根据条例规定，规划和计划环境影响评价的监督管理主要有两种形式。

（一）规划、计划环境影响的跟踪评价

所谓跟踪评价，是指规划、计划实施后，及时组织力量，对该规划、计划实施后的环境影响及预防或减轻不良环境影响对策和措施的有效性进行调查、分析、评估，发现有明显的环境不良影响的，及时提出并采取新的相应改进措施。

实施环境影响跟踪评价的规划、计划，应是对环境有重大影响的规划、计划。所谓重大影响，主要是指规划、计划活动的实施涉及的污染物种类多、数量大或毒性大，难以在环境中降解；可能造成生态系统结构重大变化、重要生态功能改变，或生物多样性明显减少；可能对脆弱生态系统产生较大影响或可能引发和加剧自然灾害等。

实施跟踪评价的主体，是规划、计划的编制单位。对规划、计划实施后的跟踪评价结果，编制单位应当向规划、计划的审批机关报告。

规划、计划实施后的环境影响评价，不是为评价而评价。对跟踪评价中发现规划、计划实施过程中有明显不良环境影响的，应当提出改进措施：有的可以在对规划、计划不做调整的情况下，采取必要的环保对策和措施；有的则可能需要对规划、计划做必要的调整。涉及需要调整规划、计划的，应当按照规划、计划的制定程序报审批机关批准。同时，跟踪评价中如果发现原评价结论与实际情况有重大偏差的，还应查明原因，查清责任，并依照本条例的规定追究责任。

（二）规划、计划环境影响的跟踪检查

要使规划、计划环境影响评价制度真正能够起到预防或减轻不良环境影响的作用，一是要求所做的环境影响评价必须尽可能做到客观、准确，在此基础上提出的环境保护对策和措施切实有效；二是要求在环境影响评价中所提出的环境保护对策和措施应当在规划、计划实施中真正得到落实。否则，环境影响评价制度就会流于形式。为避免这种情况的发生，维护规划、计划环境影响评价制度的权威性、有效性，条例规定，环境保护主管部门应当对规划、计划实施后所产生的环境影响进行跟踪检查。这种跟踪检查，重点是检查该规划、计划的环境影响评价是否符合规划、计划实施后的实际情况，对不符合实际情况，并造成严重不良环境影响的，应当分析其原因。规划、计划实施后的环境影响跟踪检查，既可以结合日常的环境保护监督检查工作一并进行，也可以专项进行。实施跟踪检查的环境保护主管部门，既可以是原审查该规划、计划环境影响评价文件的环境保护主管部门，也可以是该规划、计划审批部门的上级环境保护主管部门。

对在跟踪检查中发现已造成了严重环境污染或者生态破坏的，执行跟踪检查的环境保护主管部门应当责令有关单位限期整改；并应当对造成环境污染或者生态破坏的原因进行分析，查明是事先难以预料的客观情况变化所造成的，还是环境影响评价中的人为因素造成的，以总结教训，明确责任。对确属人为责任因素造成的，应当追究责任。

第三节　军队建设项目环境影响评价管理

军队工程建设项目的环境影响评价，是军队环境影响评价工作的重点。为切实加强军队建设项目环评工作管理，确保环境影响评价制度落实，从根本上预防或者减轻军队工程建设项目对环境可能造成的污染和破坏，《中国人民解放军环境影响评价条例》专门设章对建设项目环评做出规定。

一、建设项目环境影响评价管理的一般程序

我国建设项目环境影响评价的管理程序如图 5-1 所示。

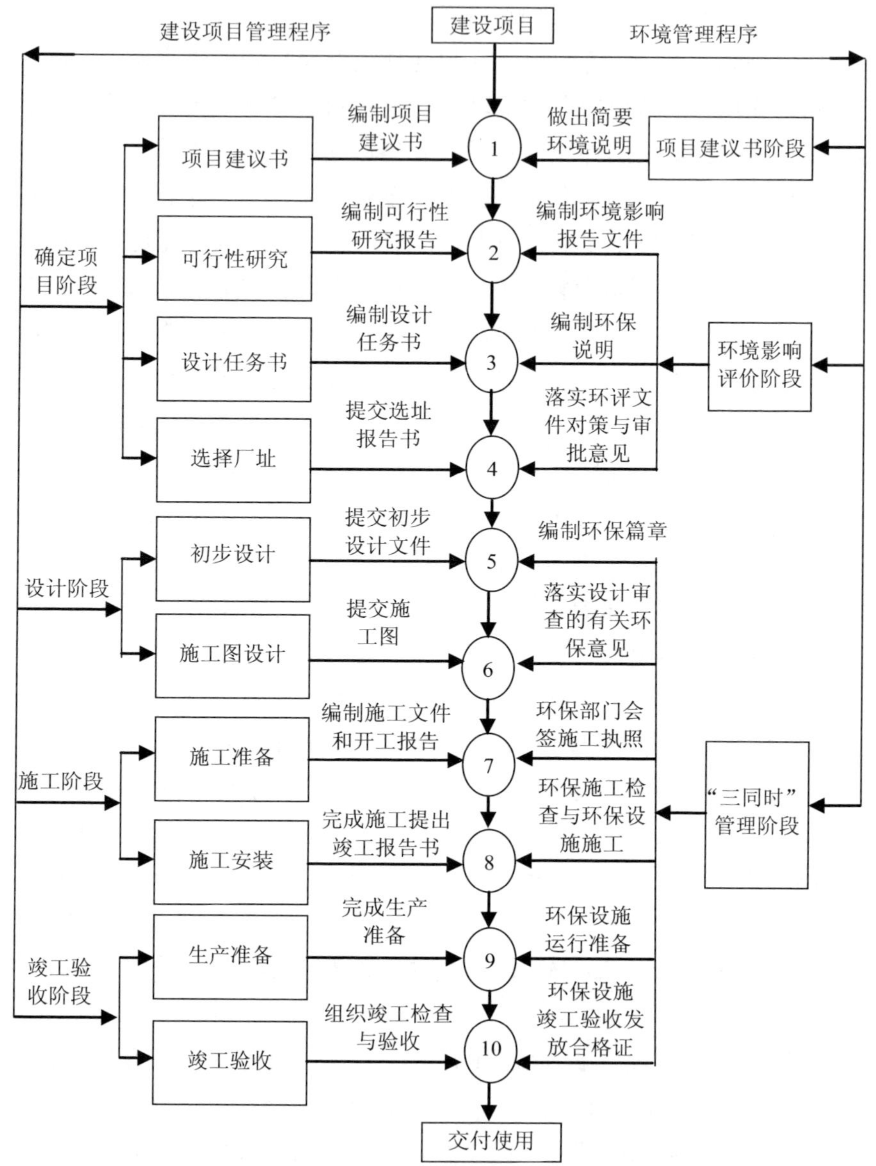

图 5-1　国家基本建设程序与环境管理程序的关系示意

军队工程建设项目的环境影响评价也应当纳入军队工程建设程序进行管理，其环境保护管理与工程建设程序之间的关系，与国家基本相同。

二、建设项目环境影响评价的管理分类

根据建设项目对环境影响程度的大小，对建设项目的环境影响评价实行分类管理，是“突出重点、兼顾一般”的科学管理方法在建设项目环境影响评价管理中的具体应用。在我国环境保护法和其他有关环境保护的单行法确立了对建设项目实行环境影响评价制度后，在多年的实际工作中，对建设项目的环境影响评价是一直实行分类管理的。军队建设项目是国家工程建设的重要组成部分，其对环境的影响也有大小和轻重之分，也应当比照国家的规定，结合军队工程建设的实际情况，实行分类管理制度。

军队建设项目环境影响评价管理目录表按照项目类别和环评文件形式进行详细分列。项目类别共分为国防工程（8 类）、营房工程（15 类）、储运工程（8 类）、装备维修保障工程（6 类）、环境保护工程（5 类）、其他工程（4 类）和军事设施装备退役工程（2 类）七大类共 48 小类；环评文件分为报告书、报告表和登记表三类。分别按照项目性质、规模、所处区域等，规定了环评定要求和环评文件的规格。

（一）分类原则

对建设项目环境影响评价实行分类管理的依据，是建设项目可能造成的环境影响程度，包括影响的范围大小和影响的轻重两方面。一般来讲，建设项目对环境的影响程度与建设项目的性质、规模、功能、所在的地点、所采用的工艺等密切相关，这些都是实施建设项目环境影响评价分类管理需要考虑的因素。

根据不同的建设项目对环境影响的程度，将军队建设项目环境影响评价分为三类：

1．可能造成重大环境影响的

应当编制环境影响报告书，对产生的环境影响进行全面、详细的评价。

主要是指：

（1）原料、产品或生产过程中涉及的污染物种类多、数量大或毒性大、难以在环境中降解的建设项目；

（2）可能造成生态系统结构重大变化、重要生态功能改变或生物多

样性明显减少的建设项目；

（3）可能对脆弱生态系统产生较大影响或可能引发和加剧自然灾害的建设项目。

2．可能造成轻度环境影响的

应当编制环境影响报告表，对产生的环境影响进行分析或者专项评价。

主要是指：

（1）污染因素单一，而且污染物种类少、产生量小或毒性较低的建设项目；

（2）对地形、地貌、水文、土壤、生物多样性等有一定影响，但不改变生态系统结构和功能的建设项目；

（3）基本不对环境敏感区造成影响的小型建设项目。

3．可能造成轻微环境影响的

应当填报环境影响登记表，对产生的环境影响进行简单的分析。

主要是指：

（1）基本不产生废水、废气、废渣、粉尘、恶臭、噪声、振动、热污染、放射性、电磁波等不利环境影响的建设项目；

（2）基本不改变地形、地貌、水文、土壤、生物多样性等，不改变生态系统结构和功能的建设项目；

（3）不对环境敏感区造成影响的小型建设项目。

按照有关规定，所谓环境敏感区，是指具有下列特征的区域：

（1）需特殊保护地区：国家法律、法规、行政规章及规划确定或经县级以上人民政府批准的需要特殊保护的地区，如饮用水水源保护区、自然保护区、风景名胜区、生态功能保护区、基本农田保护区、水土流失重点防治区、森林公园、地质公园、世界遗产地、国家重点文物保护单位、历史文化保护地等。

（2）生态敏感与脆弱区：沙尘暴源区、荒漠中的绿洲、严重缺水地区、珍稀动植物栖息地或特殊生态系统、天然林、热带雨林、红树林、珊瑚礁、鱼虾产卵场、重要湿地和天然渔场等。

（3）社会关注区：人口密集区、文教区、党政军机关集中的办公地点、疗养地、医院等，以及具有历史、文化、科学、民族意义的保护地等。

（二）其他规定

（1）对未列入军队建设项目环境影响评价管理目录的建设项目，由军区级单位环保绿化委员会办公室根据上述原则，确定其环境影响评价管理类别，并报全军环保绿化委员会办公室备案。

（2）位于环境敏感区的建设项目，如其环境影响特征（包括污染因子和生态因子）对该敏感区环境保护目标不造成主要环境影响的，该建设项目环境影响评价是否按敏感区要求管理，由有环境影响评价文件审批权的环境保护主管部门确认。

（3）以促进技术进步和装备升级换代为目标，按照清洁生产的原则，使污染物排放总量明显减少，现有污染源排放符合国家和地方排放标准及总量控制要求的技术改造项目，经有环境影响评价文件审批权的环境保护主管部门同意后，环境影响评价工作可适当简化。

（4）已经进行了环境影响评价的规划所包含的建设项目，该建设项目的性质、规模、地点或采用的生产工艺符合有关规划总体要求的，经有环境影响评价文件审批权的环境保护主管部门同意后，其环境影响评价工作可适当简化。

分类管理体现了军队环境保护工作既要促进军队建设发展，又要保护好环境的理念。对环境影响大的建设项目从严把关管理，坚决防止对环境的污染和对生态的破坏；对环境影响小的建设项目适当简化评价内容和审批程序，有利于促进军事设施建设又好又快地发展。

三、建设项目环境影响评价的时机

《中国人民解放军环境影响评价条例》第十六条规定：建设项目的环境影响评价，应当在项目立项阶段进行。也就是说，建设项目的环境影响评价文件一般应当在项目的立项阶段报批。

紧急战备或者其他特别急需的建设项目，由于其本身的重大性、特殊性和急迫性，不可能跟一般建设项目一样，严格按照基本建设程序按部就班实施，对其对环境的影响进行评价的时机，也必须有相应的灵活规定。因此，条例规定，紧急战备或者其他特别急需的建设项目的环境影响评价，经全军环境保护主管部门批准，可以推迟进行。这需要从以下三个方面来理解：一是可以推迟进行，但并不是可以不进行评价；二是推迟到什么时间，条例没有具体规定，由全军环境保护主管部门视情况确定；三是规定了要经全军环境保护主管部门批准。其批准的事项主要包括是否可以推迟进行，推迟到何时进行以及评价的深度和文件要求等。

四、建设项目环境影响评价的组织实施

（一）建设项目环境影响评价的组织

《中国人民解放军环境影响评价条例》第十五条规定：组织实施对环境可能造成影响的建设项目，建设项目管理部门或者建设单位，应当按照规定组织进行环境影响评价。

由于军事设施建设项目的特点，许多建设项目在项目可行性论证、项目立项阶段，甚至整个项目的建设过程中，都无法确定具体的建设单位，项目的筹建和建设由有关业务部门负责组织。因此，作为项目管理者的相关业务部门，就应当履行项目建设单位的职责，认真组织好项目的环境影响评价工作。

（二）建设项目环境影响评价的实施

建设项目环境影响评价是一项政策性强、专业技术涉及面广的工作，单依靠个人的力量和专业技术水平，不可能保证环境影响评价的工作需求和工作质量。因此，《中国人民解放军环境影响评价条例》规定，建设项目的环境影响评价必须由具有相应资质的环境影响评价机构承担。考虑到军队工程建设项目的保密性和特殊性要求，《中国人民解放军环境影响评价条例》还规定，军队建设项目的环境影响评价，应当委托具有相应资质的军队环境影响评价机构实施。确需委托军队以外的环境影响评价机构实施的，应当报项目审批机关本级的环境保护主管部门批准。

有特殊保密要求的建设项目，由于其涉及国家核心机密，事关国家和军事安全大局，无关单位的环境影响评价机构可能不便介入。为了既满足该类项目的保密要求，又保证环境影响评价制度的贯彻落实，《中国人民解放军环境影响评价条例》特别规定，有特殊保密要求的建设项目的环境影响评价，由建设单位按照本条例的有关规定组织实施。需要说明的是，由建设单位组织实施，可以由建设单位组织相关专业人员对项目的环境影响实施评价，也可以由建设单位委托本系统具有资质的环

境影响评价机构对项目的环境影响实施评价。无论采取何种形式，其评价的深度、工作程序等，都必须按照条例的有关规定执行。

（三）建设项目与项目所在规划环境影响评价的关系

从规划环境影响评价与建设项目环境影响评价的关系来看，有许多规划是通过其中的具体建设项目的实施来实现的。规划的环境影响评价与规划所涉及的建设项目的环境影响评价不应重复，以免影响环境影响评价工作的效率。按照《中国人民解放军环境影响评价条例》规定，作为一个整体建设项目的规划，应当按照建设项目进行环境影响评价，不进行规划的环境影响评价；已经进行了环境影响评价的规划所包含的具体建设项目，其环境影响评价在内容上建设单位可以简化。

对于可以简化的内容，当然应是重复的内容。例如，在营区建设规划的环境影响评价和建设项目的环境影响评价中，都包括对区域环境现状调查的内容。在营区建设规划的环境影响评价中，已经对区域环境现状做了调查的，在对该营区建设规划所包含的建设项目的环境影响评价中，这部分内容就可以简化。在已进行营区建设规划环境影响评价的范围内建设符合规划布局的项目，其项目环境影响评价的重点，是做好污染防治对策分析和环保投资估算，可不进行现场监测和现状评价，以简化环评内容，缩短审批时间，提高工作效率。

五、建设项目环境影响评价文件

（一）建设项目环境影响评价文件形式

根据《中国人民解放军环境影响评价条例》的规定，建设项目环境影响评价文件分为环境影响报告书、环境影响报告表和环境影响登记表三种。

1．环境影响报告书

根据建设项目环境保护分类管理的要求，不论投资主体、资金来源、项目性质和投资规模，凡建设对环境可能造成重大影响的项目必须编制环境影响报告书。

2．环境影响报告表

根据建设项目环境保护分类管理的要求，不论投资主体、资金来源、项目性质和投资规模，凡建设对环境可能造成轻度影响的建设项目应当编制环境影响报告表。

3．环境影响登记表

根据建设项目环境保护分类管理的要求，不论投资主体、资金来源、项目性质和投资规模，凡建设对环境可能造成轻微环境影响的应当填报环境影响登记表。

（二）建设项目环境影响评价文件内容

1．环境影响报告书的格式和内容

依照《中国人民解放军环境影响评价条例》和国家现行有关建设项目环境保护的行政法规、规章的规定，军队建设项目环境影响报告书至少应包括以下 7 项内容：

（1）建设项目概况。

（2）建设项目周围环境现状。

（3）建设项目对环境可能造成影响的分析、预测和评估，包括预测环境影响的时段、预测和评估的范围。

（4）建设项目环境保护措施及其技术、军事、经济论证。

（5）建设项目对环境影响的经济损益分析。

（6）对建设项目实施环境监测监督的建议。主要包括：

①关于环境监测布点原则的建议；

②关于环境监测监督机构的设置、人员、设备等的建议；

③关于监测项目及监督范围的建议等。

（7）环境影响评价的结论。环境影响评价结论是环境影响报告书中最重要、最关键的内容。环境影响评价结论必须清楚说明下列主要问题：

①建设项目对环境质量的影响；

②建设项目的建设规模、性质、选址是否合理，是否符合环境保护要求；

③建设项目所采取的防治措施在技术上和军事上是否可行，经济上是否合理；

④是否需要再做进一步的评价等。

建设项目环境影响报告书除了包括上述七项内容外，还可以根据建设项目的实际情况，增加其他内容。比如，按照国家有关规定，对涉及水土保持的建设项目的环境影响报告书，还必须要有水土保护方案等。

2．建设项目环境影响报告表的格式和内容

根据《中国人民解放军环境影响评价条例》的规定，对环境可能造成轻度影响的建设项目应当编制环境影响报告表，对产生的环境影响进行分析和专项评价。《军队工程建设项目环境影响评价导则》中对军队建设项目环境影响报告表的格式和内容进行了详细的规定。

3．建设项目环境影响登记表的格式和内容

根据《中国人民解放军环境影响评价条例》的规定，对环境可能造成轻微环境影响的应当填报环境影响登记表，一般不需要进行专门的环境影响分析和评价。

（三）建设项目环境影响评价文件编制单位

按照《中国人民解放军环境影响评价条例》的有关规定，建设项目环境影响报告书和环境影响报告表由具有相应资质的环境影响评价机构编制；建设项目环境影响登记表由建设单位填报。

环境影响报告书和环境影响报告表应当是对环境影响评价全过程的真实记录，是环境影响评价工作的书面反映。环境影响报告书必须在进行全面、详细的环境影响评价的基础上，环境影响报告表必须在进行环境影响分析或者专项环境影响评价的基础上，才能编制完成。环境影响报告书或者环境影响报告表的编制具有很强的专业性和技术性，只有具备一定资格条件的机构才能承担，必须由具有相应资质的环境影响评价机构编制。也就是说，只有经考核审查合格、取得资质证书的机构，才能按照资质证书规定的等级和评价范围从事相应的环境影响评价服务，编制建设项目的环境影响报告书或者环境影响报告表。建设单位只能委托具有相应资质的机构对其建设项目进行环境影响评价，并编制环境影响评价报告书或者报告表。

需要填报建设项目环境影响登记表的项目，一般对环境的影响轻微，不需要进行专门的环境影响评价。因此，《中国人民解放军环境影响评价条例》规定：建设项目环境影响登记表由建设单位按照军队环境保护主管部门统一的格式，按照规定的程序自行填报，上报建设单位的上一级机关的环境保护主管部门备案。

六、建设项目环境影响评价文件的报审程序

（一）建设单位的技术审查

为了保证环境影响评价报告书的编制和审批质量，《中华人民共和国环境影响评价法》第二十一条规定：除国家规定需要保密的情形外，对环境可能造成重大影响、应当编制环境影响报告书的建设项目，建设单位应当在报批建设项目环境影响报告书前，举行论证会、听证会，或者采取其他形式，征求有关单位、专家和公众的意见。建设单位报批的环境影响报告书应当附具对有关单位、专家和公众的意见采纳或者不采纳的说明。军队工程建设项目一般都具有需要保密的要求，因此不便于公众参与。但要求在报批建设项目环境影响评价报告书之前，要首先委托有资质的技术评估机构，或者组织相关专业的专家，对其环境影响评价文件进行技术评估，对环境影响评价的技术方法和评价文件的结论进行技术审查，为环境保护主管部门审批环境影响评价文件提供技术依据。

（二）建设项目立项办理部门的预审

《中国人民解放军环境影响评价条例》第二十一条规定：建设项目环境影响评价文件，经办理该建设项目立项审批的部门预审后，由建设项目审批机关报同级的环境保护主管部门审批。

建设项目环境影响评价文件，由建设单位按照规定报经办理该建设项目立项审批的部门预审后，由建设项目审批机关报同级的环境保护主管部门审批。预审程序只适用于需要编制环境影响报告书或者环境影响报告表的建设项目。对于只需填报环境影响登记表的建设项目，由建设单位直接报有审批权的环境保护行政主管部门审批。办理建设项目立项审批的部门对建设项目环境影响报告书、环境影响报告表的预审，属于从部门角度的预先把关，负责预审的主管部门应当依法提出审查意见并对审查意见负责。办理建设项目立项审批的工程建设主管部门应当会同本级环境保护主管部门，主要从下列方面对建设项目环境影响评价文件进行预审，并提出以下书面预审意见：

（1）是否符合国家、军队有关政策、法律、法规的规定；

（2）建设项目选址、选线、布局是否符合军队发展以及有关规划

要求；

（3）环境影响评价文件所列的工程内容和规模是否真实、准确；

（4）环境影响评价文件所提环境保护措施是否可行和可以落实等。

（三）环境影响评估机构的技术审查

环评审批部门受理建设项目环境影响评价文件后，在正式审批之前，应当视情委托本级环境影响评估机构，对其进行技术评估或者组织专家评审。

环境影响评估机构和相关技术专家，应运用有关力量和技术资源，对环境影响评价的技术方法和评价结论进行科学判定，并形成正式的书面审查意见，为环境保护主管部门审批提供科学依据，为决策提供可靠的技术支持。环境影响评估机构应当自收到环境影响评价文件 30 日内，提交相应的评估报告，并对评估结论负责。

（四）环境保护主管部门的审批

1．环境影响评价文件的审批权限

根据《中国人民解放军环境影响评价条例》的规定，建设项目的环境影响报告书、报告表最终应由有审批权的环境保护主管部门依法审查，做出是否予以批准的决定，并对最终审批结论负责。建设项目环境影响评价文件的审批权，是建设项目立项审批机关本级的环境保护主管部门。

（1）总部或者国家批准立项的军队建设项目的环境影响评价文件，由全军环保绿化委员会办公室审批；

（2）军区级单位批准立项的军队建设项目的环境影响评价文件，由军区级单位环保绿化委员会办公室审批。军区级单位环保绿化委员会办公室负责审批环境影响评价文件的建设项目，应当将其审批决定报全军环保绿化委员会办公室备案。

（3）军区级单位办理建设项目立项审批的部门与环境保护主管部门对环境影响评价结论有争议且不能取得一致意见的，其环境影响评价文件由全军环境保护主管部门商总部有关管理工程建设的部门审批。

2．环境影响评价文件的审批受理

（1）环境影响评价文件申报材料。

建设单位向环评审批部门申报建设项目环境影响评价文件审批申

请时，应当提交下列材料：

①书面申报文件。项目建设单位要按照军队公文管理的规定，以“请示”的形式向环境影响评价文件的审批机关正式上报需要审批的环评文件。

②《军队建设项目环境影响评价报审表》2 份。

③建设项目环境影响评价文件文字版一式 4 份，电子版一式 1 份；

④依据有关法律、法规、规章应提交的其他文件。

（2）环境影响评价文件申报材料的初步审查。

环评审批部门，对建设单位提交的建设项目环境影响评价文件审批申请和材料，根据情况分别做出下列处理：

①申请材料齐全、符合规定形式的，予以受理。

②申请材料不齐全或不符合规定形式的，当场或在 5 日内一次告知建设单位需要补正的内容。

③对不符合审批权限规定的申请事项，不予受理。

3. 环境影响评价文件的审查审批

环境影响评价审批部门应当依据环境评估报告或者专家评审意见，主要从下列方面对建设项目环境影响评价文件进行审查：

（1）是否符合国家、军队环境保护以及相关法律、法规的规定。

（2）是否满足相应环境功能区划和生态功能区划标准或者要求。

（3）拟采取的污染防治措施能否确保污染物排放达到规定的排放标准，满足污染物总量控制要求。

（4）可能产生放射性污染的，拟采取的防治措施能否有效预防和控制放射性污染。

（5）拟采取的生态保护措施能否有效预防和控制生态破坏。

对环境可能造成重大影响或者可能严重影响项目所在地环境质量的建设项目，以及军队与地方存在重大意见分歧的建设项目，环境影响评价审批部门还应当听取当地政府的意见，并说明对有关意见采纳或不采纳的理由。

经审查建设项目环境影响评价文件符合上述规定所列条件的，环境影响评价审批部门应当做出予以批准的决定；不符合条件的，环境影响评价审批部门应当做出不予批准的决定，书面通知建设单位，并说明理由。

（五）环境影响评价文件的重新报批或者重新审核

1. 建设项目环境影响评价文件的重新报批

《中国人民解放军环境影响评价条例》第二十二条规定：建设项目的环境影响评价文件经批准后，该项目的性质、规模、地点或者防治污染、防止生态破坏的措施发生重大变动的，建设单位应当重新报批环境影响评价文件。这是因为建设项目的性质、规模、地点等发生重大变化，该建设项目的环境影响也会相应地发生变化；另外，建设项目对环境的影响主要包括对环境的污染和生态的破坏两个方面，如果建设项目防治污染、防止生态破坏的措施发生重大变动，以至可能对环境造成新的不良影响的，在这种情况下，如果不重新报批建设项目环境影响评价文件，很可能使环境影响评价制度的执行流于形式，难以起到防止环境污染和生态破坏的作用。

建设项目环境影响评价文件的重新报批，实际上是需要对项目的环境影响重新进行评价，重新编制相关的环境影响评价文件。对其环境影响评价工作的要求和环境影响评价文件的审批规定，与一般项目的环境影响评价基本相同。

2. 建设项目环境影响评价文件的重新审核

《中国人民解放军环境影响评价条例》第二十二条规定：建设项目自环境影响评价文件批准之日起，超过五年才开工建设的，其环境影响评价文件应当报原审批部门重新审核。

建设项目环境影响评价文件的重新审核制度，是为了防止因时间变迁，建设项目所在地环境状况或者国家、军队环保方面的规定发生变化，使原来进行的环境影响评价失去价值的情况出现。这里所讲的“重新审核”，与原来的审批不同，通常只是对过去已经批准的建设项目环境影响评价文件予以重新核实。其审核的重点是，建设项目所在区域环境质量状况有无变化，原审批中适用的法律、法规、规章、标准有无变化。重新审核的结果大体可能有三种情况：

（1）建设项目所在地的环境状况未发生改变或者环境状况的变化不影响该建设项目继续建设的，予以审核同意，也就是对原批准的环境影响评价文件重新肯定和确认其法律效力。

（2）建设项目所在地的环境状况发生根本改变，根据法律、法规和国家、军队有关规定，原建设项目已经属于禁止在该地建设的项目的，应当对该建设项目予以否决，也就是不同意原建设单位在该地继续从事该建设项目的建设活动。

（3）建设项目所在地的环境状况发生较大变化，原经批准的环境影响评价文件已经不能准确地说明该建设项目对环境的影响，在这种情况下，决定该建设项目应当重新进行环境影响评价，建设单位应当重新履行环境影响评价文件的审批手续。

（六）环境影响评价文件及其审批意见的执行

1．环境影响评价文件未被批准的处理

《中国人民解放军环境影响评价条例》第二十三条规定：建设项目环境影响评价文件未经规定的审批部门审查或者审查后未予批准的，该项目的审批机关不得办理审批立项，建设单位不得开工建设。

建设项目的环境影响评价文件，是该项目环境影响评价结果的书面表现形式，必须报经法定审批部门审批。审批部门应当依法对报批的环境影响评价文件进行审查，按照环境保护的要求，对该环境影响评价文件做出是否予以批准的决定。环境影响评价文件未经依法审查或审查后未予批准的建设项目，不得办理审批立项，不得开工建设，这是保证建设项目环境影响评价制度能够真正发挥作用的关键所在。

环境影响评价文件未报经法定审批部门审查或者经审查后未予批准的建设项目，该项目的审批机关不得办理该项目的审批立项。这里讲的“项目审批机关”，不是指本条例规定的建设项目环境影响评价文件的审批部门，而是指按照军队有关规定，对是否准予该项目立项建设负有审批权限的有关主管机关。建设项目的审批机关在对建设项目进行立项审批时，应当审查该项目的环境影响评价文件是否经过法定的建设项目环境影响评价文件审批部门审查批准，对环境影响评价文件未经依法审查批准的建设项目，不得办理该项目的审批立项。项目的审批部门如果违反这一规定，应依照国家和军队的有关规定追究其责任。

凡是依法应当进行环境影响评价的建设项目，其环境影响评价文件未依法报经法定的审批部门审查批准的，不论该项目建设本身是否须经有关主管部门批准，建设单位都不得投入开工建设，否则，应依照国家和军队的有关规定追究其责任。

2．环境影响评价文件及其审批意见的执行

建设项目的环境影响评价文件，是建设项目环境影响评价结果的书面表现形式。环境影响评价单位在建设项目环境影响评价文件中，应当根据该项目对环境可能造成影响的分析和预测，有针对性地提出防范和减少对环境产生不良影响的各种对策和措施；环境影响评价文件的审批部门在审批过程中，也可以对该项目提出必要的环保对策和措施要求。例如，减少污染物排放，采取有效的污染治理措施，提高资源利用率，采用符合环保要求的设备等。有关单位和部门必须严格落实批准的环境影响评价文件及其审批机关的审批意见，将实施环境影响评价文件提出的各项环境保护对策和措施以及审批部门的审批意见，同实施各项环境保护法律、法规规定的“三同时”制度结合起来，对建设项目需要配套建设的环境保护设施，必须与建设项目主体工程同时设计、同时施工、同时投产使用，环境保护设施未经环境保护行政主管验收合格的，该项目不得投入生产或者使用。

建设项目设计阶段，设计单位应当依据批准的环境影响评价文件及其审批意见，编制该建设项目设计文件的环境保护篇章，具体落实各项环境保护设施的设计方案和投资概算。

建设项目建设过程中，建设单位应当按照批准的环境影响评价文件及其审批意见，做好相关环境保护设施建设资金的供应和管理，确保各项环境保护工程设施与主体工程同步建设。

建设项目施工阶段，施工单位应当认真按照批准的环境影响评价文件及其审批意见，采取措施防止和减轻对周围自然环境的破坏以及粉尘、噪声、震动等污染；建设项目竣工验收前，施工单位应当完成在建设过程中被破坏环境的修整和恢复。

建设项目正式投入使用前，建设单位必须向环境影响评价审批部门提出《建设项目环境保护设施竣工验收申请报告》。《验收申请报告》未经批准，建设项目不得通过总体验收。

七、建设项目环境影响评价监督

（一）建设项目环境影响后评价

所谓建设项目环境影响后评价，一般是指对一些生态影响较大的建设项目以及规模较大、环境影响也大的建设项目，事先进行评价时，往往难以做出准确的环境影响预测。项目建设实施后，对建设项目实施后的实际环境影响以及防范措施的有效性等，进行跟踪监测和验证性评价，并提出补救方案或措施。军队建设项目环境影响后评价，是指在建设项目开工建设后，对正在进行建设、运行的项目对环境的影响进行的评价，包括项目开工前已经报批了环境影响评价文件，对建设项目实施后的实际环境影响以及防范措施的有效性等，进行跟踪监测和验证性评价；也包括开工前和建设时没有进行环境影响评价的项目，需要对已经在用的设施可能产生的环境影响和环境风险进行全面的后评价两种情况。无论属于哪种情况，因为都是实施于项目开工建设以后，故称为建设项目的环境影响后评价。

按照建设项目环境保护的要求，项目开工建设前，必须进行环境影响评价，根据对项目实施后可能产生的环境影响所做的分析、预测和评估，提出相应的预防或减轻不良环境影响的对策和措施，并报有审批权的部门审批后方可开工建设。而在项目开工建设后，可能因预测不够准确、客观情况发生变化等原因，使得项目在建设、运行过程中，产生与经审批部门审批的环境影响评价文件不相符合的情形。在此情况下，就应当依照环境影响评价条例等法规的规定对该项目进行环境影响后评价。

1．产生不符合审批环境影响评价文件的主要情况

产生不符合已经审批的环境影响评价文件的情形的情况，一般包括：

（1）在建设、使用过程中，项目功能、性质等发生重大变化，污染物种类或污染物的排放与环境影响评价预测情况相比有较大变化。

（2）在建设、使用过程中，建设项目的选址、选线等发生较大变化，或使用方式发生较大变化，可能对新的环境敏感目标产生影响，或可能产生新的重要生态影响的。

（3）在建设、使用过程中，当地人民政府对项目所涉及区域的环境

功能做出重大调整，要求建设单位进行后评价的。

（4）原环境影响文件的审批部门责成建设单位进行建设项目环境影响后评价的。

2．建设项目环境影响后评价的组织实施

建设项目环境影响后评价的目的，主要是针对所产生的不符合经审批的环境影响评价文件的情形，采取相应的改进措施，以根据情况的变化采取新的预防或者减轻不良环境影响的对策和措施。建设项目环境影响的后评价，原则上与编制环境影响报告书的技术要求一致，应在原环境影响报告书的基础上，针对建设项目的变化进行补充预测评价。一般可只对所发生变化的环境影响进行评价，不再对项目进行全面的环境影响评价。其重点是：

（1）工程变化说明或环境功能变化说明。

（2）对选址、选线发生变化的项目，应对变化区域的环境现状进行补充调查评价。

（3）污染物排放核定。

（4）环境敏感目标核定。

（5）环境影响补充预测与评价。

（6）污染防治补充措施或生态保护补充措施。

（7）污染防治或生态保护补充投资。

（8）后评价结论。

建设项目的环境影响后评价，应当由建设单位主动组织进行；原环境影响评价文件的审批部门也可以责成建设单位进行；对建设项目的环境影响后评价以及所采取的措施，应当报原环境影响评价文件审批部门和建设项目审批机关备案。

（二）在用军事设施的环境影响后评价

还有一种情况必须注意，就是有许多在用军事设施，在建设时并没有进行规范的环境影响评价，目前对环境的影响尚不完全清楚，可能存在着潜在的环境风险，如目前军队许多已经使用但未进行环境影响评价的放射性和电磁辐射设施、设备以及有毒化学物品和有毒有害生物制品储存设施等。对这些设施的环境影响评价，也应当属于建设项目环境影响后评价的范畴。这类项目或设施的环境影响后评价，应当由设施的管理使用单位主动组织实施，环境保护主管部门也可以责成设施的管理使用单位进行。

对这类设施的环境影响后评价，原则上与编制环境影响报告书的技术要求一致，即应当按照国家和军队的规定，组织具有相应资质的军队环境影响评价机构，对设施可能产生的环境影响和环境风险进行全面评价，并按照下列内容编制设施环境影响后评价报告书：

（1）设施的概况以及周围环境现状。

（2）设施对环境的现实影响分析。

（3）设施现有环境保护措施的适宜性和可靠性分析。

（4）设施使用可能造成的环境风险预测和评估。

（5）预防环境风险或者减轻不良环境影响的对策和措施。

（6）实施环境监测监督的建议。

（7）环境影响评价结论。

设施环境影响后评价报告书，由设施管理使用单位报军区级以上单位业务主管部门审核后，报同级环境保护主管部门审批。

（三）建设项目环境影响评价的跟踪检查

与规划、计划环境影响评价的跟踪检查一样，为确保建设项目的环境影响评价真正起到预防或减轻不良环境影响的作用，避免环境影响评价制度流于形式情况的发生，维护建设项目环境影响评价制度的权威性、有效性，《中国人民解放军环境影响评价条例》规定，军队环境保护主管部门应当对建设项目投入使用后所产生的环境影响进行跟踪检查。

这种跟踪检查的重点是，检查该建设项目的环境影响评价是否符合项目实施后的实际情况，对不符合实际情况，造成严重不良环境影响的，应当分析其原因。跟踪检查既可以结合日常的环境保护监督检查工作一并进行，也可以专项进行。实施跟踪检查的环境保护主管部门，既可以是原审批该建设项目环境影响评价文件的环境保护主管部门，也可以是该审批部门的上级环境保护主管部门。

对在跟踪检查中，发现已投入使用的项目造成了严重环境污染或者生态破坏的，应当对造成环境污染或者生态破坏的原因进行分析，查明是因为事先难以预料的客观情况变化所造成的，还是属于环境影响评价中的人为因素造成的，以及时采取适当措施，予以弥补和纠正，并总结教训，明确责任。对确属于人为责任因素造成的，应当依法追究责任。

第六章　军事区域环境保护与管理

军队环境保护主要是保护和改善军队管理和使用区域（如营区、训练场、实验场及临时占用区域等）的生活环境和生态环境。《中国人民解放军环境保护条例》第十二条规定：各单位对其管理和使用区域的环境质量负责，必须根据国家和军队有关环境保护的要求，确定本单位环境保护的目标和任务，采取措施保护环境，改善环境质量。因此，军队应当依法做好军事区域的环境保护工作，保护和建设好生态环境，改善和提高营区及其周围的环境质量，保护全体官兵和人民群众的身体健康，为提高部队战斗力服务。通过坚持“预防为主，防治结合，治管并重，讲求实效，保障战备”的基本方针，达到“两少两好三提高”[减少污染物排放总量，减少能源资源消耗；防治污染效果好，绿化美化环境好；提高环保投资效益，提高营（厂）区环境质量，提高环境管理水平]的环境保护目标。

第一节　综　述

根据《中华人民共和国军事设施保护法》《中国人民解放军环境保护条例》的相关规定，我军从20世纪70年代初期开始进行军队工厂“三废”治理，以后逐步发展到军队管理和使用区域（如营区、训练场、试验场等）的各个方面。40多年来，在中央军委的正确领导下，全军部队坚决贯彻党中央、国务院和中央军委的决策部署，按照建设资源节约型、环境友好型社会的总体目标，牢固树立和落实科学发展观，大力加强军事环境保护和生态建设，军事区域的环境保护和管理工作取得了大量的成就，主要污染物排放总量得到控制，环境污染防治取得阶段性成果，生态保护全面加强，为国家经济社会协调发展和军队现代化建设做出了突出贡献。

1．编设了专门机构和人员

1985 年，全军裁军 100 万时，各军区、各军兵种和总部专门设置了环保绿化处，使我军环保管理机构作为一个职能部门，正式列入我军编制序列。全军团以上部队、企业化工厂、在编修理机构、军港等都成立了环保绿化委员会，指定了办事部门和人员。自 20 世纪 80 年代以来，从总部到各大单位，以及部分大城市、大型工厂企业，都先后成立了环境监测机构，构成了全军军事环境管理和监测网络，依法对军事环境污染进行监测、监督、控制和管理。在国家组织的第一次全国污染源普查工作中，全军 62 个环境监测机构，历经两年时间共完成全军和武警部队 2.5 万个营区、26.3 万个污染源普查任务，获得普查数据 300 多万个，基本摸清军事污染源的数量和分布情况，完成了重点污染源档案建立工作，共有 102 名个人、20 个单位受到国家表彰。在 2010 年国家举办的第一次全国环境监测专业技术人员大比武活动中，军队代表队一举夺得团体一等奖，个人一、二、三等奖的优异成绩。

2．环境保护宣传教育工作日益深入

提高官兵环境与生态意识、积极投身环境保护与生态建设，是环保绿化工作长期而重要的任务。对此，军队长期坚持通过各种渠道，运用多种形式进行关心环境、保护环境的宣传教育，力求形成人人关心环境、人人爱护环境的良好风尚。先后编发了《军队环境宣传教育纲要》和《军队环境保护知识读本》，摄制下发了电视汇报片《绿色丰碑》，编制下发了《军队生态营区建设与管理》专题光盘，在中国军网开设了军队环保绿化网站，结合“3·12”植树节、“世界环境日”等各种环境节日举办大型宣传活动，陆续开展以“钢铁长城、绿色屏障”“污染减排、军营先行”等为主题的“6·5”环境日军队主题宣传活动，不断强化广大官兵国策意识、环境意识、责任意识和参与意识。同时，还在相关军事院校开设了环保专业课程，在 20 多所指挥院校增加了环保绿化课程，把环保教育纳入正规化、规范化教育轨道。

3．制定颁布了一系列军事环境保护法规

为实现环境法制化、规范化管理，按照军委“依法治军、从严治军”

的指示要求，我军环境保护管理机关先后制定颁发了《中国人民解放军环境保护条例》《中国人民解放军环境影响评价条例》《中国人民解放军绿化条例》《军事设施工程建设项目环境管理规定》等基本法规，并配套制定了《军队环境噪声污染防治规定》《军队三荒造林工程管理规定》《军队环境监测管理规定》《军队企业环境保护管理办法》等多项规章。解放军《内务条令》修订时也专门新增了条目，第一次对环保绿化工作提出了明确要求，把环保绿化工作正式纳入军队全面建设的内容。目前已经逐步形成了以《中国人民解放军环境保护条例》和《中央军委关于落实发展观进一步加强军队环境保护与生态建设的意见》等为标志的军队环境保护政策法规体系。

4．军事区域的环境污染防治实行了计划管理和目标控制

依据国家环境保护总方针，结合军队情况，军队的环境保护工作，按照远期奋斗目标、中期（五年）发展规划、年度实施计划的管理方式进行。对目标任务层层分解，实行责任制度，定期进行检查考核，督促计划落实和目标实现。

5．进行了一大批军事项目污染治理

在军事项目建设中，实行了环境影响评价制度和污染防治“三同时”制度，有效地控制了污染源的产生；依法开展了创建清洁文明工厂、绿色营区保护环境活动；积极响应国家号召，主动参加国家启动的“33211”重点环保工程，积极行动，扎实有效地开展了污染治理和环境管理工作，进行了军办工厂废气、废水、固体废物和军事设施污染源的治理；对军港和舰船污染进行了专项防治；完成了军队全部医院医疗废水、油库含油废水治理。各类污染源治理率达到86%以上，污染物排放量减少50%以上，废弃物综合利用量逐年增加。驻重点区域内的部队单位生活污水治理达标率达到80%，中水回用达到40%，严重缺水地区达到80%；治理各类大气、固废和辐射污染源600多个，使困扰基层部队、影响军民关系的一批污染问题得到根本解决，使部队营区环境状况得到显著改善。

6．生态环境建设成效显著

20世纪80年代以来，全军官兵积极响应政府绿化祖国的号召，军队坚持造林绿化，有计划地消灭营区内的宜林荒山、荒地、荒滩，绿化、

美化营区，积极参加国家和地方省市的造林绿化活动和重点生态环境建设；各部队还结合驻地实际，开展了爱鸟护林活动，驻林区部队开展军民联防，与一些大型林场建立了森林“三防”组织，在森林防火、保护国家野生动植物等方面做出了成绩。在军营植树 2 亿多株、造林约 10 万 hm^2。先后参加了太行山国土绿化、“三北”防护林、长江中上游水土保持林、沿海防护林等国家重点绿化工程，共植树近 3 亿株，飞播造林种草约 700 万 hm^2。

“十五”以来，中央军委高度重视环境保护与生态建设工作，将其作为军队全面建设的大事，每年召开专题会议，进行决策和部署。全军部队积极响应国家号召，按照污染防治与生态建设并重的方针，以改善和提高营区生态环境质量为目的，以污染防治和“绿色营区”“生态营区”建设为重点，较好完成了各项环境保护和生态建设任务。在完成 600 多个绿色营区建设的基础上，积极贯彻生态文明新理念，坚持以污染治理带动营区环境质量的整体改善，共有 100 个营区达到了环保节能、自然和谐、可持续发展的生态营区建设标准。2006 年 9 月，被国家作为全国生态文明建设重点典型进行了广泛宣传。目前，除少数边远艰苦地区外，营区宜绿裸露土地基本实现绿化覆盖，全军 80%以上营区实现四旁有荫、空地有绿、小区有景、四季常青，营区环境质量明显提高，为部队战备训练和官兵日常生活，创造了安全、自然、优美、舒适的环境。2010 年 9 月，在“中国第二届绿化博览会”上，代表全军生态环境建设成果的解放军展园——“八一园”获得最高奖。

总的来看，经过 40 多年的努力，在国家的大力支持下，在中央军委的正确领导和全体官兵的不懈奋斗下，我军的环境保护工作取得了显著的成绩，军事区域的环境保护和管理工作有了重大进步。军队环境保护工作初步实现了从自成体系到纳入国家规划、由少量军费投入到国家集中投入、由各自为政到区域联合、由封闭建设到社会协作的历史性转变；从以绿化美化为主的绿色营区跨越到环保节能的生态营区，全面走上了军队环境保护与生态建设的新路子，初步形成军队环境保护军民融合式发展的新模式。

第二节　营区环境保护与管理

营区是指建有营房及相应附属设施并明确地界的区域，是军队日常工作、生活和训练的主要场所，是军队战斗力生成、保存和提高的区域。营区环境保护是军队环保工作的重点，营区环境质量的好坏，对稳定部队、保障官兵健康、保证和提高部队的凝聚力和战斗力等具有十分重要的意义。营区环境保护工作的开展一切以有助于军队战斗力的生成和提高为出发点。我军非常重视营区的环境保护工作。《中国人民解放军环境保护条例》第十七条规定："制订营区建设规划应当确定保护和改善营区环境的目标和任务，营区建设应当结合当地自然环境的特点，保护植被、水域和自然景观。已建成营区应当加强环境综合整治，开展植树造林、栽花种草，加强生态建设，不断改善营区及其周边的生态环境质量。"

一、营区规划设计

制订营区建设规划应当确定保护和改善营区环境的目标和任务。营区规划是营区建设与改造的依据，其内容包括：营区土地用途区分；营区各类建筑物、构筑物、附属设施和绿地的平面布局及数量。

营区的选址、规划等都应执行环境影响评价制度。营区规划是根据军事需要、地理位置、自然条件和国家社会经济发展的状况等因素制订的。必须统筹安排和处理好经济、社会、军事和环境四者之间的关系，按照立足现有基础，着眼长远发展，有利于提高营区住用质量、环境质量和设施配套质量的原则编制，做到合理布局。对营区内的各种资源和环境条件进行综合评价，同时确定利用、治理和保护的措施，合理部署生活区、工作区、作业区、各种场区和交通网络，并对营区能源利用、水源和污水处理、垃圾等污染源处理以及绿化和绿地建设等做出全面安排，明确保护和改善营区环境质量的目标、任务和措施等。切实从宏观上和根本上把好营区环境保护和建设关，防止某些环境损害的发生，缩小污染危害的影响，节约污染防治的费用。

二、营区建设及污染防治

营区建设中结合当地自然环境的特点，保护植被、水域和自然景观。营区环境主要是指以营区为中心的，由其周围土地、水体、大气、动植物等天然的自然因素与经过人工改造的自然因素（工作、生活因素等）组成的自然与社会的综合体，它是一个高度人工化的生态系统。营区环境离不开周围环境而独立存在，营区的建设应当根据所处地域的地理和自然环境来进行，既要按照营区的功能要求做好相应的环境保护工作，又要结合当地自然环境的特点，在充分发挥自然环境的自净能力的基础上，采取有效措施，保护好营区及其周边的原有植被、水域和自然景观。

加强对已建成营区的环境综合整治，开展植树造林、栽花种草，加强生态建设，不断改善营区及其周边的生态环境质量。保护和改善现有营区环境质量的最有效措施，就是要切实加强营区环境的综合整治。造成营区环境污染和破坏的原因是多方面的，所以防治环境污染和破坏也必须采取多种手段，进行积极的综合治理。变消极被动的应付为积极主动的防治。实行综合治理既有“防”的办法也有“治”的措施。如防治营区环境污染，把环境保护的目标和任务，同调整营区设施布局、加强营区环境管理、进行营区更新改造、开展综合利用结合起来；把工程治理同环境自然净化结合起来；把防治污染同资源、能源的合理开发利用结合起来；把治理环境污染与开展植树造林、栽花种草、加强生态建设结合起来；把奖励与惩罚结合起来；把环境管理同单位首长的责任制结合起来；等等。通过综合治理，使营区环境保护与改善的目标得以有效实现，切实为广大官兵创造一个清洁、优美、安静、文明的生存和生活环境，为驻地生态环境的改善做出应有的贡献。

军队营区的主要污染源是营区的生活污水、医疗废水及垃圾，燃煤锅炉的烟尘、烟气，装备修理所的废水、废气和噪声，各种电子设备产生的电磁辐射及各类武器产生的有毒有害、放射性物质等。

为有效防治营区环境污染，我军在营区环境保护工作中特别注意了以下几点：

一是在营区建设时，统筹考虑污染治理设施的建设，并与各种设施同时设计、同时施工和同时投入使用。在营区各项工程竣工时，环境监测部门同时参加验收工作，确保环境治理设施的效果。

二是加强各种治理设施的使用管理，确保治理设施始终处于良好状态和按要求运行。如营区的各类生活、医疗污水净化处理设施，含油污水处理设施，各类垃圾和固体废物的回收处理设施，各种锅炉消烟除尘设备等都有专人负责，定期保养，以确保这些设施、设备的正常运转。

三是加强营区环境的监督管理，督促各单位按要求对污染进行治理，严禁违章排污。经常对各种污染治理设施的运行情况进行检查，确保这些设施正常运行，并按国家有关规定和排放标准达标排放。对将各类污染物直接排放或超标排放等违章排污行为，主管部门按有关规定及时对肇事者进行处罚。

四是加强环境监测，准确掌握营区环境状况和污染变化趋势，为环境治理和环境建设及时提供科学依据。

五是调整设备和能源结构，尽量淘汰高耗低效的设备，在有条件的营区，充分利用太阳能、风能、地热能、生物质能等清洁能源。同时，还对可利用的废物进行综合利用等。

六是大力植树种草，绿化美化环境，促进营区生态环境建设，保护营区自然资源、人文和历史遗迹、古迹和风景名胜等。

（一）营区污水治理

营区污水具有点多、面广、排放量小的特点，但污染物成分相对简单，主要是有机物污染。随着政府对环境保护力度的加大，我国对 COD 等有机污染物排放已经实行总量控制。军营生活污水治理，已引起我军环保部门的重视。

对营区的各类生活、生产、医疗等污水要进行净化处理，达不到国家规定的排放标准不得排放。不准使用渗井、渗坑、裂隙、溶洞和稀释等办法排放有毒有害废水，不准向农田、河流、湖泊和海洋等直接排放各类废水；积极保护和合理利用水资源，尽量做到一水多用或者循环使用，降低水耗，减少污水排放量。

营区水污染防治的基本方法为：

第一，积极防治污染源。积极防治各类污染源，减少各类污染物的排放，是防治水体污染的主要方法之一。但是，不同的污染源，排放污染的形式和污染物的危害不同，对其进行防治的措施和手段也有所区别。例如，点源污染、面源污染和自源污染的规模和危害不同，其防治的手段和方式也应不同。再如，为了加强水源地的保护，就要根据对其有影响的不同污染源，采取不同的防治措施，或关停严重超标的污染源；或隔离污水和输水通道；或建设绿色保护屏障；或各种措施兼而用之。

第二，综合运用各种防治手段。防治的手段有工程手段、经济手段、技术手段、行政手段和法律手段，要综合使用。

第三，污水处理市场化。在收取水费的同时，收取污染防治费，将水污染处理费计入生产成本。实行由社会专门的企业、集中的设施，统一进行污水的集中处理，逐步实现污水处理市场化，使水污染防治工作走上社会化和良性发展的轨道。

目前，对我军营区生活污水的治理主要分三种类型：第一，驻城市部队，通过改造完善营区生活污水收集管网，有序引入城市污水管网，由城市污水处理厂集中净化处理；第二，驻自然保护区、风景名胜区和特殊要求地区部队，部队投资建设污水净化设施，确保达标排放；第三，驻农村和偏远地区的部队军营，采用简易的渗井方法进行净化处理。

我军研制的小型、简易、高效、节能的生物净化治理技术和装置已在驻风景名胜区、自然保护区和有特殊要求的军营进行了应用，取得了良好效果。

军队医疗单位医疗污水的处理，是我军环境污染防治的一项重要内容。各级环境保护管理部门、卫生医疗主管部门和各医疗单位，对此都十分重视，并采取有效措施进行治理。近年来，我军投入大量资金，按照国家标准，在每所医院都建设了专门的污水处理站，年治理医疗废水5 000 万 t 以上，污水处理站设备完好率、运转率和排放达标率都在 90%以上。

（二）营区废气治理

营区废气治理的基本方法：

第一，调整能源战略，采用清洁能源，大力开发利用水能，有步骤地发展核能，积极开发利用生物能源和利用其他清洁能源，逐步改变能源结构等，是防治大气污染的重要途径。

第二，加大执法和管理力度，用法律限制或禁止污染物的扩散。

第三，加强污染源治理。根据在生产和生活过程不同阶段应用的技术，污染治理又可分为前处理技术、过程控制技术、后处理技术和全过程控制技术。将污染工艺更换为少污染或无污染工艺是最理想的方法，但这在实际工作中往往是不可能的。因此，大气污染源治理主要是解决各种废气中的污染物的去除问题，即后处理技术。这也是目前应用最多、最广泛的污染控制技术。

对营区的生活锅炉、医疗锅炉和炊事炉灶等应当提高其燃烧效率，并采用有效的消烟除尘措施，保证达标排放；对炉渣、落尘应当综合利用，妥善处置；有条件的单位应积极推广集中供暖和使用气态燃料，提倡利用太阳能、风能、地热、生物能等清洁能源。对散发有害气体、粉尘的单位及施工作业面，应当采用密闭式的生产工艺和设备，安装通风、吸尘、净化、回收等处理装置。

限于经济发展和资源状况，我国部分地区的能源结构仍以煤炭为主。我军部分营房供暖、饮食加工等仍以煤炭为主要燃料。近年来，针对一些城市大气污染日趋严重的情况，中央政府和有关地方政府采取了一系列措施，改善能源结构。开始在部分城市和地区推行使用燃油、天然气、电力等清洁能源，减轻大气污染程度，力求使大气环境质量明显改善。

军队积极支持政府改善大气环境的举措，按照统一要求，积极行动，开展了军营燃煤设施改用清洁能源的工作。驻城市军队单位，自己动手进行营区采暖、锅炉、茶炉、大灶等设施改用清洁能源和军用汽车尾气的治理，取得了很大成效。特别是驻北京的部队，积极响应国务院和北京市政府关于控制首都大气污染的要求，投资数亿元资金，完成了两千多个燃煤设施改用清洁能源和数千台军车尾气治理任务，年减少含烟尘、二氧化硫等有害污染物排放量数十亿立方米，为首都蓝天工程做出了积极贡献，受到北京市政府和人民群众的赞扬。

（三）营区其他污染治理

1．营区噪声污染治理

严格执行国家对生活和生产噪声排放的相关标准并采取有效措施进行防治，确保噪声达标排放不扰民。对产生噪声和振动的机械设备，应当采取消声、减振等措施，防止噪声污染。

2．营区固体废物处置

营区固体废物污染环境，破坏生态，必须对其进行科学处理。所有固体废物处理技术必须遵循的共同原则是：减量化、资源化和无害化，简称“三化原则”。

第一，减量化。是指通过适当的方法和手段，尽可能减少固体废物的产生量和排放量的过程。其基本途径：一是合理选择和利用原材料、能源和其他资源；二是采用对资源和能源利用率高的先进生产工艺设备；三是对已经产生的固体废物进行处理和利用。

第二，资源化。是指对已经产生的固体废物通过回收、加工、再利用，使其直接成为产品或转化为可供利用的再生资源的过程。

第三，无害化。是指对已经产生排放但又无法或暂时不能利用的固体废物进行合理的管理和处置，把其对环境的污染降到最低程度。

对各类垃圾和固体废物要分类存放，妥善处置，防止污染环境和破坏营区环境。

3．其他

对放射性物质、剧毒化学品及其废弃物必须严格管理，妥善处置。对电磁辐射应当采取有效措施，防止污染。

三、典型做法

我军历来重视营区的环境保护工作。在军委总部机关的统一领导下，全军各级部队积极投身到营区环境保护和管理工作中，先后广泛开展了创建绿色营区和生态营区的活动。

（一）绿色营区

2001 年 2 月 16 日，中国人民解放军环保绿化委员会向全军发出了《关于开展创建“绿色营区”活动的通知》，决定从 2001 年开始，在全军开展创建“绿色营区”活动。

开展创建“绿色营区”活动，把营区环境保护和绿化美化工作的目标、任务有机地结合起来，有利于提高营区环境质量，有利于加强部队全面建设，有利于提高部队的凝聚力和战斗力，是促进全军环保绿化工作深入发展的一项重要措施。

“绿色营区”的主要评选标准：

1．营区绿化效果好

营区绿化以植物材料为主，乔、灌、藤、花、草等配置合理，并与周围环境相协调，形成了树木成荫、花草铺地、绿色满园、赏心悦目的景观。

（1）凡是能绿化的地方都按规划种上树木、花草及其他地被植物，达到“黄土不露天”。

（2）驻城市市区单位的绿化用地面积不低于营区基地面积的 30%；驻城市郊区、乡镇单位的绿化用地面积不低于营区基地面积的 35%；院校、医院、疗养院、科研单位的绿化用地面积不低于营区基地面积的 35%。

（3）人均绿地面积不低于 10 m^2，人均乔木不少于 10 棵。

（4）营区周边、道路两旁有乔木和绿色条带；建筑物周围基础种植搭配合理；办公区、住宅区绿色满园、生机盎然，没有死角。实现营区“四旁”林荫化，小区花园化，空地植被化。季相明显，色相变化丰富，达到春有花、夏有荫、秋有果、冬有青。营区绿地系统完整，布局合理，功能齐全，具有良好的生态、环境和军事效益。

2．营区污染防治效果好

营区内各类污染源得到有效治理，污染物排放或处置达到国家或地方规定的标准。

（1）营区内地表水（水池、水塘、水渠）等水体质量要达到国家地表水Ⅲ类标准；营区污水排放到自然水体（土壤）应达到国家Ⅱ类排放标准或经处理达标后排入城市排水管网。

（2）燃煤锅炉烟尘排放、机动车辆尾气排放要达到国家或地方规定的排放标准。积极推广使用清洁能源。

（3）有固定能够防渗漏、防流失的垃圾回收装置。无乱扔、乱倒、乱堆、乱放“白色污染物”和其他固体废物现象。施工现场管理有序，无扬尘现象。

（4）营区噪声昼间不高于 60 dB，夜间应低于 50 dB。无噪声扰民现象。

（5）在用辐射源有可靠的防护设施和严格的管理措施，严禁存放无关的辐射源和放射性废弃物。

（6）污染源治理设施的正常运转率达到90%以上等。

3．营区环保绿化管理好

建立严格的环保绿化管理制度，管理工作规范化、标准化、制度化。

4．社会评价好

官兵环保绿化意识较强，义务植树尽责率连续三年都在95%以上；受到国家或总部表彰；营区房地产正规化建设达到全军先进水平等。

绿色营区由单位申请，大军区级单位环保绿化委员会组织检查和审核，全军环保绿化委员会审批。被评为绿色营区的单位，由全军环保绿化委员会颁发标志牌和证书，并每年复核一次。

（二）生态营区

2006年7月20日，中国人民解放军环保绿化委员会发布通知，决定在全军开展创建生态营区活动。2009年8月，中国人民解放军环保绿化委员会办公室向全军发布《印发生态营区建设与管理导则》，主要包括《生态营区规划编制导则》《生态营区环境污染防治实施导则》《生态营区自然环境保护实施导则》《生态营区绿化建设实施导则》《生态营区资源能源合理利用实施导则》《生态营区绿色建筑技术应用实施导则》《生态营区生态文化建设实施导则》《生态营区管理机制建立和运行导则》和《生态营区评价实施导则》共九项内容，用于指导所属单位开展生态营区创建和管理实践活动。

1．生态营区的概念和特征

生态营区是指人与自然和谐相处，生态系统良性循环，军事功能、居住功能和文化功能整体协调，能够实现可持续发展的营区。其基本特征是自然化、和谐化、人性化和可持续发展。所谓自然化，就是营区建设要遵循生态规律，最大限度地依靠自然、贴近自然、保护自然、融入自然。所谓和谐化，就是营区建设要与当地人文、地理、气候等条件和谐协调，营区内的人、建筑与生态环境和谐互利。所谓人性化，就是营区建设要坚持以人为本，创设人文环境，体现人文关怀，满足官兵工作、训练、学习、生活的需求。所谓可持续发展，就是营区建设和管理要充分考虑未来的发展要求，搞好资源、能源的开源节流和循环利用，实现营区功能的协调和可持续发展。

2．创建生态营区的指导原则

一是坚持军事特色。生态营区建设要充分考虑军队的特殊性，以保证军事需要、提高部队战斗力为根本目的，不断适应其军事功能的需要。

二是坚持以人为本。生态营区的规划设计、建设发展、管理使用都要充分考虑官兵德、智、军、体、心的全面发展需求，不断提升官兵的满意度。

三是坚持因地制宜。生态营区建设必须从当地的实际出发，区分情况，分类指导，保护和维护营区的多样性。

四是坚持注重效益。充分利用自然生态系统的固有潜能，搞好资源能源的循环利用，不断提高生态营区建设的军事、社会、环境和经济效益。

五是坚持创新发展。生态营区建设是一项新生事物和长期任务，要随着时代的前进不断更新理念，不断创新完善。

3．生态营区建设的主要内容

生态营区建设是一项动态的系统工程，结合军队营区建设的特点，现阶段生态营区建设主要包括以下八项内容。

（1）科学编制生态建设规划。要按照营区功能协调、符合生态平衡的原则和资源节约、环境友好的要求，运用系统观点和生态技术，制订科学完整的生态营区建设规划，明确发展目标、任务和行动计划。

（2）切实保护自然环境。严格落实有关法规，使营区内的土壤、空气、水域和野生动植物等自然环境要素得到有效保护。

（3）合理利用资源能源。尽量减少不可再生资源的消耗，节约利用可再生的资源，积极开发太阳能、风能、生物质能和地热能等绿色能源。

（4）积极防治环境污染。认真执行环境影响评价制度，尽量减少军事活动对环境的影响与损害；采用适用技术，有效治理废水、废气、固废、噪声、辐射等污染，努力实现污染的无害化、减量化和资源化。

（5）努力提高绿地生态功能。改善营区绿化结构，扩大林木种植，提高营区绿化率、绿地量和美化水平，建立起植物多样、林木为主、生态良好、景观优美的营区绿化体系。

（6）大力推广绿色建筑技术。运用先进的生态设计理念和技术，实施营区设施的建设和改造，选用无害化、可降解、可再生、可循环的建筑材料和能源，提高资源能源转化效率，使建筑环境符合军事环境安全和官兵身心健康的要求。

（7）培育军营特色鲜明的生态文化。完善官兵学习、交流、休闲等具有军队特色的设施，提高营区设施的人性化、生态化水平；倡导生态文明的生活方式，营造健康、安全、和谐的生态文化氛围。

（8）建立科学高效的管理机制。引入 ISO 14000 环境管理系列标准，完善生态营区建设与管理的法规和技术标准体系，形成科学决策、协调管理、有效运行的机制，使营区的建设、管理和军事活动符合生态化要求。

4. 创建生态营区的意义

营区是部队官兵工作、生活的主要空间，也是军队开展战备、训练、试验等军事活动，形成和储备战斗力的重要场所。搞好生态营区建设，是军队贯彻落实科学发展观、响应中央关于加强生态文明建设号召的具体行动，是适应国际国内生态环境形势和新军事变革的迫切要求，是促进军队建设全面协调可持续发展的客观需要。在绿色营区建设的基础上，创建生态营区，是新时期军队营区建设和发展的必然趋势。有利于提高官兵的生活质量，促进官兵的身心健康；有利于提高部队的凝聚力、战斗力；有利于促进军队的全面建设；有利于建设资源节约型、环境友好型社会主义和谐社会。

5. 生态营区的评选与管理

（1）生态营区分为一星到五星五个等级。

（2）生态营区的评选以团（含独立营）及其以上单位为评价认定单元，每年评选一次。被评为生态营区的单位，由全军环保绿化委员会颁发统一制作的标志和证书。

（3）生态营区的评选，由申报单位于每年 3 月底前提出书面申请，所属军级（含联勤分部）以上单位审查推荐，军区级单位环保绿化委员会办公室组织专家组进行现场评价，经本级环保绿化委员会审核后，由全军环保绿化委员会办公室组织有关专家进行审查认定，每年 11 月底前报全军环保绿化委员会审批。为此全军环保绿化委员会专门制定了《军队生态营区评价准则》用于军队各种类型生态营区的评价认定。该准则明确了生态营区评价指标体系由生态稳定性、生态流通性、生态和谐性、生态有序性 4 个类别，自然环境、绿化建设、资源利用、污染防治、绿色建筑、生态文化、生态规划、管理机制 8 个方面共 34 项指标组成。

（4）申报单位必须是被评为军队“绿色营区”的单位。

（5）被评为生态营区的单位，要努力巩固和发展创建成果，不断提高营区生态化水平。军区级以上单位环保绿化委员会办公室，每两年组织专家对获得生态营区资格的单位复查一次，凡符合评价准则加星条件的，报经全军环保绿化委员会批准，颁发加星标志和证书；凡不符合评选准则相应条件的，报经全军环保绿化委员会批准，进行降星直至取消资格，收回标志和证书。

在军队大力开展创建绿色营区与生态营区活动的热潮中，涌现了一大批先进典型，绿色营区与生态营区建设取得了巨大成就。

“十五”期间，全军和武警部队共建成绿色营区 473 个。在此基础上，坚持以污染治理带动营区环境质量的整体改善，有 50 多个营区基本达到了生态营区建设目标。

石家庄机械化步兵学院现有森林面积 2 000 亩[①]，湿地 6 000 m^2，野生动植物 100 余种，形成植物多样、搭配合理，季相明显、色彩各异的生态化营院。2004 年以来，该院结合 3 000 t 污水治理工程，建成了 8 万 m^2 的中水景观“十二瀑”，把环保节能设备广泛应用到垃圾焚烧、余热转化和烟尘噪声治理等基础设施中，注重造林绿化、林草抚育和科学管护，最大限度地实现了无害化治理、资源化利用、生态化建设，以及营区林草体系的自然化，使其成为我国、我军对外交流交往的文明窗口。2005 年，以这个营区绿化美化建设为主要组成部分的“中国军苑”，在我国举办的“中国绿化博览会上”荣获全国第一名。

后勤工程学院绿色建筑示范楼是中美两军十多年来在营区环境保护领域交流的重要成果，也是美国自然资源保护委员会（NRDC）的资助项目。该项目按美国绿色建筑（LEED）“金奖”标准和我国绿色建筑“三星级”认证标准进行设计和施工建造。2009 年被住房和城乡建设部列为国家百个绿色建筑示范工程、可再生能源建筑应用城市示范项目；

① 1 亩≈0.066 7 hm^2。

2011 年通过了国家绿色建筑“三星级”（最高级）设计认证，成为全军和重庆市第一个获得该奖项的绿色建筑工程项目；2012 年被评为国家绿色建筑示范工程；2013 年荣获全国绿色建筑创新奖一等奖、军队优秀工程设计一等奖。2009 年 4 月获得美国绿色建筑协会（LEED-NC）注册，目前正在申请美国绿色建筑（LEED）“金奖”认证。

北京军区联勤部机关、国防大学、第二炮兵工程技术总队、总装防化研究院、广州军区第 41 集团军 121 师等单位，以污染治理、文物保护、生态建设为主线，在良好的营区环境中培育和彰显部队的战斗精神。

第三节　军事设施环境保护与管理

除营区外的其他各类军事设施，如军用训练场、试验场、军用机场、港口、基地、阵地、仓库等，是军队进行各种训练与试验的重要设施，也是进行军事环境保护的重点。《中国人民解放军环境保护条例》对此做出了明确要求：

第十六条　各单位不得在省级以上人民政府规定的风景名胜区、水源保护区、自然保护区和其他需要特别保护的区域内，建设对环境有污染和破坏的设施，或者组织实施对生态环境有损害的军事训练、装备试验等活动。因战备需要必须在上述区域内建设或者进行有关活动的，应当商省级以上人民政府同意，报军区级以上单位批准。

第十八条　军用机场、港口、训练场、试验场、基地、阵地、仓库等设施的建设应当符合国家和军队有关环境保护的要求；使用中应当采取必要的污染防治措施；报废后应当对环境进行整治，尽量恢复自然生态。

第二十条　各级机关和部队组织实施军事训练、演习、装备试验等活动，必须采取措施，防止或者减轻对环境的污染和破坏，回避珍稀濒危野生动植物；对损坏的自然生态环境，应当进行恢复和治理。

第二十四条　各单位应当合理利用资源、能源，按照规定淘汰污染严重的设备和技术，防止或者减少军事设施、装备、军事活动等产生的废气、废水、固体废物、粉尘、放射性物质、噪声、振动、电磁波辐射以及光、热和生物等对环境的污染和损害。

这就要求军事设施的使用和管理单位，在军事设施建设、使用及退役过程中必须依法执行环境保护政策，保护自然资源，保护文化文物，保护和建设好生态环境。

军事设施在布局定点和建设时应当符合国家和军队有关环境保护的要求，严格遵守国家和军队有关工程建设环境保护的规定和要求，做好项目的可行性论证和环境影响评价，做好建设过程中的环境保护，严格落实“三同时”制度，既要考虑满足军事的需要，又要充分考虑环境保护的要求，尽量避免和减少对生态环境的影响和危害。

在军事设施的管理上，要针对当地自然条件，注重植树造林和绿化美化，治理和管理好各类污染源，把对周围生态环境的影响和危害降到最低限度；在军事设施的使用上，要注意科学安排，使区域生态环境得以休养生息和恢复，同时，对使用中产生的各种污染要进行科学监测和评价，要按照国家和军队的有关规定，采取有效措施进行控制和治理，避免和减少对设施自身环境和周围环境的污染或损害；对炮火压制、训练践踏、试验污染等活动对生态环境的破坏，训练、实验活动结束后要及时进行隔离和恢复建设，加强军事设施的环境保护和生态环境建设，不断改善和提高环境质量。

军事设施退役或者报废后，要进行认真的环境影响评价，采取负责的态度，在法律的严格约束下，区分不同情况，进行保护和处置等；应当采取必要的整治或者恢复措施，消除对周围环境的影响和损害，尽量达到与周围自然生态环境的和谐，恢复其应有的生态功能。

一、军事训练场、试验场环境保护与管理

军事设施是军队进行各种训练与试验的重要设施。而军事训练和试验等军事活动的实施或多或少都会对活动区域的环境产生影响干扰或者污染损害。军事活动对环境的污染有些与工农业生产、城市生活等经济活动和社会活动产生的污染相同，而大多数则具有一定的军事特殊性。军事活动对环境的影响和污染往往是全方位的，虽然一般涉及的范围有限，持续的时间较短，但瞬时污染强度相对较大，污染物排放浓度较高，排放时间也比较集中，污染物成分复杂多样，对环境的影响和污染十分复杂。因此，加强军事训练场、试验场的环境保护与管理非常重

要。各级机关和部队组织实施军事训练、演习、装备试验等活动，必须采取措施，尽量避免或者减轻对环境的污染和损害。

军队在编制军事活动任务与计划时，应当对其可能对环境造成的污染和破坏进行论证和评估，并根据评估结论，制订防止环境污染的预案。其内容主要包括：军事活动所涉及的范围、持续时间、产生的主要污染物、对周围环境可能产生的影响以及应采取的防治措施等。

在军事活动展开和实施过程中，有关单位和人员要认真执行环境污染防治预案，严格落实环境影响评价所规定的各项措施，切实减轻对环境的污染和损害；应当采取有力措施，尽量回避珍稀濒危野生动植物，避免对其的惊扰和对其生境的破坏；军队环境监测部门应根据制订的防治污染预案，对其污染情况进行跟踪监视和测试，详细掌握各环境要素的变化情况。对浓度含量高、状态变化快的污染物质，要对其变化趋势进行相应的预测，并采取有效措施加以防范，尽量避免发生重大污染事故。

军事活动结束后，职能部门应当组织专门力量，对军事活动的环境破坏现状进行实地监测、分析，对军事活动产生的环境污染状况进行评估，并根据评估的结果，采取必要的恢复和补救措施，消除对周围环境的影响和损害，尽量恢复其应有的生态功能，尽可能把对环境的污染和损害降到最低程度。最后，要对整个过程进行详细的分析和总结，找出各种活动对环境产生影响的规律，为以后的工作提供准确的依据。

对军事训练试验可能带来的环境影响问题，我军一贯高度重视，并采取了多种保护措施。

第一，慎重选择训练场、试验场址。我军的训练场、试验场大多设在远离城市及居住区的荒山、荒滩和戈壁，尽量减少对生态环境和人类生活的影响。

第二，大力开展训练场、试验场的生态建设。大量植树、种草，对大气、土壤、水域等环境进行人工保护，使训练场变成环境宜人的绿洲；结合实际情况对试验场尽可能采取相应的环境保护和生态恢复措施。

第三，科学安排训练计划。在训练方式上安排间歇训练，使区域生态环境得以休养生息和恢复。

第四，注意做好训练演习的污染防治。

军用训练场、试验场的主要污染有噪声、放射性物质、剧毒化学品、有毒有害气体和液体等。

由于军用训练场、试验场长期进行训练和试验，所以对周边环境的影响较大，情况也相对复杂。因此结合实际情况在其周围设置固定监测站位，进行长年环境监督监测，摸清各种活动对环境的影响及综合作用，统筹安排污染治理的措施和方案。

对训练和试验中产生的有毒有害气体，尽可能地进行净化处理，防止污染大气环境；对产生的废水和有毒有害废液，采取回收、中和、解毒等措施进行处理，防止污染环境；对产生的强烈噪声和振动，采取消声、减振等措施；对产生的放射性物质、剧毒化学品及其废弃物按有关规定严格管理，妥善处置；对电磁波辐射采取屏蔽等有效措施，防止污染；对训练和试验造成的生态植被破坏，采取措施，积极予以恢复或补偿，加强场区生态环境建设，大力植树造林，保持周围地区的生态平衡。

经过多年精心管护和建设，我军一些原本是不毛之地的训练场、试验场，都变成了片片绿洲，小区域环境质量明显改善。下面列举一些典型的军事区域环境建设与保护的例子。

（一）某军区炮兵靶场

该靶场占地 12 万亩，是一个沙尘肆虐的不毛之地，每年有大量沙尘入侵北京，长期危害周边群众的身体健康。近年来，军区把治理靶场作为植树造林、防沙治沙的重点工程，从 2003 年起，军区连续 4 年都要发动万名官兵，实施大规模造林绿化活动，使其绿化覆盖率由 1%提高到 83%，累计造林种草 10 万亩，为附近都市筑起了一道绿色屏障。

（二）某军区合同战术训练基地

该合同战术训练基地占地近 50 万亩，干旱、半干旱及荒漠化、盐碱化日趋严重，严重影响了部队官兵训练。开展三荒土地治理以来，基地官兵坚持科学造林，防沙治沙，聘请专家现场指导，培育 100 亩适合本地生长的苗木，采用瓶栽法和树种交叉混种模式，在荒漠化场区展开了气壮山河的鏖战，共植树造林 12 万亩，飞播种草 24 万亩，封育草 5 万亩，成活率 85%以上。如今，场区生态恶化趋势得到有效遏制，生态工程建设初见成效，为部队提供了良好的训练和生活环境。

（三）海军某试验基地

该试验基地占地面积 3 万多亩，营区内森林茂盛，每年防火任务十分繁重。近年来，基地充分利用国家专项投资，相继建成视频监控、防火墙，开设了生物隔离带，坚持军地联防，定期抚育等措施，有效防止了人为破坏和虫害火灾，确保了森林资源稳定增长，为试验和训练任务的顺利完成提供了绿色屏障。

二、军港环境保护与管理

海洋是人类的蓝色家园，保护海洋环境，保护海洋资源，防治污染损害，是世界各国的共同责任。中国作为拥有多达 18 000 km 海岸线和 500 多个岛屿的海洋大国，对海洋环境的保护十分重视，《中华人民共和国海洋环境保护法》为依法保护海洋环境提供了法律保障。

根据《中华人民共和国海洋环境保护法》的规定和授权，军用港口和军事船舶的环境监督管理及污染事故的调查处理，由军队环境保护部门负责。

军用港口的污染主要来自驻港舰艇、岸上陆勤部队的油污水、生活污水和垃圾的排放，港内装备修理所和港区工程建设产生的废水、废气及各种垃圾等。

（1）根据国家、军队的环保法规，制定相应的规章制度，配套建设舰艇油污水和生活垃圾等废物的接纳和处理设施，并严格按照有关要求运行，各类污染物必须达标排放。

（2）加强对港内舰艇的监督管理。舰船排污是军港环境污染的主要来源之一。对舰船产生的含油污水、生活污水和固体垃圾，目前我军主要采取以下方式进行管理和处理：

第一，实行严格排污管理程序。按照有关条例规定，舰艇排污必须在事前向军港管理部门申请，申明排污时间、数量、种类、方式。军港管理部门协同污染物处置单位，根据舰船排污申请制订接收方案，双方按照方案进行排污和接纳处理。舰艇油污水不得擅自排放入港，须由接纳设施、装备接收处理；各类垃圾不得投弃入海，集中回收后送入岸上垃圾回收设施中；对舰艇的油料的跑、冒、滴、漏要及时处置，防止污染事故的发生；加强对港内环境的监督检查，及时制止和处理各类违章排污行为。

第二，充分利用水上接纳处理装备。水上接纳处理装备主要有舰载油污水分离设备、油污水接纳船等。主要针对港外舰船停泊油污水的处理。

第三，依托岸基接纳处理设施。岸基接收处理设施由油污水接纳处理站、油污水接纳处理车，港岸固体废弃物接收设施设备构成。

（3）加强港区陆域污染源的治理和治理设施的管理，防止陆源污染物对海洋环境的污染损害。

（4）配备必要的防污器材和监视、报警装置，制订事故性污染的紧急处置预案，保证随时处置各类意外污染事件对港区环境的损害。

（5）加强港区工程建设的环境管理，对建设项目进行环境影响评价，并按“三同时”的要求建设环保设施。同时要做好工程施工中的环保工作，防止对海洋环境的污染。

（6）定期对军港水域水质进行监测，掌握环境状况、污染发展变化趋势和污染源排污情况。

（7）加强港区生态环境建设，绿化、美化港区环境等。为保护好军港水域环境，管好军用港口水域环境质量及污染防治工作，海军和所属各基地建立了以军港水域为对象的监督监测机构，依法履行对军港水域和军事船舶排污进行监督、监视、管理。军港环境监督监测机构，都配备了监测装备，对军事水域污染事件进行调查处理；对军港污染源和军港环境质量进行定期调查评价；对军港及船舶的污染治理设施、设备的运行情况和治理效果进行监督检查。

军港环境管理除必须遵守解放军统一法规外，海军还专门制定了《海军防止军港及舰艇污染管理规定》，并在《海军舰艇条例》《海军后勤条例》《海军军港管理条例》等海军法规中做了海洋环境保护的条款，明确了舰艇防污文书、防污装备以及各种污染物的排放、接收、处理程序。

经过多年的努力，我军港口水域环境质量状况日益改善，军港和军用船舶环境保护成效显著，人民政府和群众都比较满意。

三、军用机场环境保护与管理

军用机场的主要污染有飞机噪声，维修厂产生的废水、废气、垃圾等，各类导航、通信设施的电磁辐射和放射性污染以及各类防空装备产生的有毒有害物质等。

我军对飞机发动机噪声污染的防治非常重视。军用机场建设时严格执行环境影响评价程序，机场周围大力植树造林，有条件的还设置了消音设施或隔音屏障。军用飞机应当尽量避免在城市上空进行低空或者超低空训练飞行。

对飞机维修、保养过程中产生的废水、废气、废液、固废以及放射性物质等，按照有关规定和技术要求，进行了认真治理，防止其污染环境。

对各类导航、通信设施的电磁辐射和放射性污染，采取措施予以治理，防止对环境的污染和对指战员健康的伤害。

对各类防空装备产生的废液、废气等有毒有害物质，妥善处置，防止其对环境的污染和破坏等。

对机场范围的环境状况和各种污染治理的效果还进行经常性的监督检查和监测，掌握环境污染的变化趋势，及时调整污染防治对策，提高污染治理的效果，杜绝各种污染物的违章排放。

四、军用基地、仓库的环境污染防治管理

加强军用物资、装备储运、处置过程的污染防治管理，采取妥善措施，预防和治理可能产生的各类废水、废气、固废、辐射和核、生、化等危险物质对环境的污染损害。

军械仓库和技术保障部门特别重视导弹推进剂污水的处理。因为推进剂中含有氟类、硼氢类、肼类、硝酸、氮氧化物及硝酸酯类等有毒物质。这些物质对人类健康影响较大，可引起惊厥、昏迷及中毒性肺水肿等急性中毒病症和骨质增生、中毒性肝炎、慢性溶血性贫血等慢性中毒病症。同时，氮氧化物、肼、间苯二胺、氮丙啶等可引起呼吸道炎症、血管神经性水肿及致癌等。所以对推进剂污水严禁随意排放，在有效地去除污水中的有害成分后，方可排放。目前处理推进剂污水的方法有氧化法、活性炭法、光化学法和离子交换法等。同时加强敏感区域的环境监督监测，准确掌握环境中有害物质的种类和含量，采取有效措施，防止有害物质外泄。

此外，还要保护好库区自然资源、人文和历史遗迹、古迹和风景名

胜，加强辖区生态环境建设和绿化伪装工程建设，保持周围地区生态平衡等。

五、军办工厂污染防治管理

工厂生产一般会产生废水、废气和固体废物，对环境可能造成污染。我军环境保护管理机关和工厂单位历来都十分重视军办工厂的“三废”污染防治工作。

《中国人民解放军环境保护条例》对军办工厂的“三废”污染防治做了详细规定，全军环境保护管理机关制定颁发了十余项防治军办工厂“三废”的规章。新建和更新改造军办工厂，都要进行环境影响评价，评估、预测工厂建设和生产对环境的影响，采取必要的措施和手段，消除或者减轻工厂排放的有毒有害物质和产生的噪声、振动等对环境的污染和危害；必须严格实行“三同时”制度；对生产过程中产生“三废”污染物，除实行总量控制外，并要全面治理，达标排放；对工艺落后、污染严重的，实行“关、停、并、转”。

在军办工厂中开展创建“清洁文明工厂”活动，实行企业法人环保责任制，实行污染物排放总量控制和排污申报制度，推行清洁文明生产技术，建立专职环境监测管理机构，使主要污染物排放和防治都能符合国家标准。

第七章　军队环境监测管理

军队环境监测管理就是以军队环境监测机构作为重要的技术支撑和技术依托单位，使用定性和定量的科学方法，深入研究环境监测活动的规律，并以环境监测质量效率为中心，对环境监测整个系统进行全面的规划、组织、协调、控制和监督。

第一节　综　述

一、环境管理与环境监测

（一）环境管理

所谓环境保护，是指人类为解决现实或潜在的环境问题，协调人类与环境的关系，保障经济社会的持续发展而采取的各种行动的总称。其根本目的是保护和改善生活环境和生态环境，防治污染和其他危害，使之更适合人类的生存和发展。

环境保护的主要内容：保护野外休养和娱乐场所；保持乡土景观；保持自然界中的学术研究对象；减少或消除有害物质进入环境；维护环境的净化调节能力；确保生物多样性和基因库的发展，保护生态系统的良性循环，保护、繁殖可更新资源，使其恢复和不断更新扩大，为人类所永久使用；保护和合理利用不可更新资源，使其避免破坏和浪费，并为人类所充分利用；防治环境污染和其他危害，保障人体健康，从而保护和改善生活环境和生态环境，促进人类的发展进步与环境协调发展。环境保护的实质就是环境管理，环境管理是环境保护的根本任务。

环境管理是指运用经济、法律、技术、行政、教育等手段，限制人类活动对环境质量的破坏，通过全面规划使人类活动与环境相协调，达到既要满足人类的基本需要，又要不超出环境的容许极限。

环境管理的内容十分广泛，从环境管理的范围可划分为：资源环境管理、区域环境管理和部门环境管理等。从环境管理的性质可划分为：环境计划管理、环境质量管理和环境技术管理等。

环境管理的特点：

（1）综合性。环境管理是环境科学与管理科学、管理工程学交叉渗透的学科，具有高度的综合性。

（2）区域性。环境问题由于自然背景、人类活动方式、经济发展水平和环境质量标准的差异，存在着明显的区域性，使环境管理也具有显著的地域性特点。

（3）群众性。环境问题如果没有大多数人的参与是难以解决的，搞好环境管理必须依靠群众，大家动手，使千百万人协调行动，共同改善环境并与污染作斗争。

（二）环境监测

环境监测是指由环境监测机构按照规定的程序和有关法规的要求，对代表环境质量及发展趋势的各种环境要素进行技术性监视、测试和解释，对环境行为符合法规情况进行执法性监督、控制和评价的全过程操作。

1. 环境监测的主要内容

环境监测的主要内容应包括以下六个方面：

（1）监视解释反映环境质量变化的各种要素；

（2）测试评价对人与环境有影响的各种环境因素；

（3）监督控制对环境造成污染或危害的各种行为；

（4）监督促进有关污染防治和环保法规的贯彻执行；

（5）为制定及执行环境法规、标准及环境规划、环境污染防治对策等提供可靠、公正、科学的依据；

（6）为环境管理提供技术支持、技术监督和技术服务。

2. 环境监测的基本程序

环境监测就是环境信息的捕捉、传递、解析、综合、控制的过程，在对监测信息进行解析、综合的基础上，揭示监测数据的内涵，进而提出控制对策和建议，并依法实施监督，从而达到直接有效地为环境管理和环境监督服务。

环境监测的一般程序包含以下内容：

（1）受领任务。环境监测的任务主要来自环境保护主管部门的指令，单位、组织或个人的委托、申请，监测机构的安排三个方面。环境监测是一项技术性、执法性活动，所以必须要有确切的任务来源依据。

（2）明确目的。根据任务下达者的要求和需求，确定针对性较强的监测工作具体目的。

（3）现场调查。根据监测目的，进行现场调查研究，摸清主要污染源的来源、性质及排放规律，污染受体的性质及污染源的相对位置以及水文、地理、气象等环境条件和历史情况等。

（4）方案设计。根据现场调查情况和有关技术规范要求，认真做好监测方案设计，并据此进行现场布点作业，做好标识和必要准备工作。

（5）采集样品。按照设计方案和规定的操作程序，实施样品采集，对某些需现场处置的样品，应按规定进行处理包装，并如实记录采样实况和现场实况。

（6）运送保存。按照规范方法需求，将采集的样品和记录及时安全地送往实验室，办好交接手续。

（7）分析测试。按照规定程序和规定的分析方法，对样品进行分析，如实记录检测信息。

（8）数据处理。对测试数据进行处理和统计检验，整理入数据库。

（9）综合评价。依据有关规定和标准进行综合分析，并结合现场调查资料对监测结果做出合理解释，写出研究报告，并按规定程序报出。

（10）监督控制。依据主管部门指令或用户需求，对监测对象实施监督控制，保证法规政令落到实处。

（11）反馈处置。对监测结果的意见申诉和对策执行情况进行反馈处理，不断修正工作，提高监测质量。

3．环境监测的原则

在环境监测中，由于人力、物力、财力、监测手段、设备和监测条件（如战时）等方面的限制，不可能包罗万象全部展开，而应以环境保护工作的需要和现有条件量力而行，实事求是地开展工作。

（1）优先监测原则。

①污染物的危害性。对环境影响大、涉及范围宽的污染物要优先监测。如造成局部污染和较大范围内污染的优先监测；在燃煤污染、汽车尾气污染中，对二氧化硫、氮氧化物、一氧化碳、臭氧、降尘、颗粒物及其组分（铅、镉、苯并[*a*]芘）等优先进行监测；饮用水按国家标准进行监测；游览水域对感官指标和造成水质腐败的因子优先进行监测。

②问题的迫切性。对那些浓度已接近安全界限，趋势在上升的污染物优先进行监测。

③具有潜在危险性。对那些不易扩散、易造成积累污染的物质应优先进行监测。

④监测因子应具有广泛的代表性。如取水体底泥监测重金属比一般样品更为经济有效；苔藓可积累大量飘尘、降尘中的重金属成分，对苔藓的取样监测就比取个别其他样有效，对这类具有广泛代表性的因子可列为优先监测因子。

（2）主要污染物和主要污染源的确定原则。

在监测过程中，先通过实地调查、物料平衡计算和排污口监测等方法，查明污染物的种类和排放量，获得第一手的现场数据。把排污量和污染物毒性两方面综合考虑，计算污染量的大小，监控污染物的分布及走向，评估污染物毒性影响的程度和范围，避免监测工作的盲目性。

（3）环境监测项目的选择原则。

监测项目的选择既要尽可能选择较少的项目，同时又能真实准确地反映本地区、本部门的环境情况。在监测实践中，一般通过实地调查，选择活性大、毒性强的污染物来监测。

具有相似环境化学性质的污染物在环境中往往有相似的运动规律，故可将其分为几大类，在每一类中可选取有代表性的污染物作为监测项目。

从各类污染物中，选择标志污染物时，应注意以下原则：

①根据污染物的性质，如非自然性、扩散性、活性、持久性、生物可分解性、积累性和毒性等。总之，应选择量大、毒性大的污染物进行监测。

②监测方法有效。选取具有统一标准的测试方法进行检测，测试过

程简便，分析数据有较好的可靠性。如用碘量法测定水中的溶解氧时，如果水体中有氧化物，就会使碘析出产生正干扰，当水体中含有还原性物质时又会消耗碘而产生负干扰，因此，应采用修正碘量法或用膜电极法进行测定。

③其环境地球化学性质在同类中有代表性。

④能对监测数据做出正确的判断和解释。比如有同污染物相关的标准可比较，已知污染物对健康生态系统影响等。由于污染物在环境中的扩散靠风力、水流和生物运载，故有污染源存在并不一定都能形成污染，还要看其扩散因子，如污染物的扩散动力、载体，水力、风力、重力、生物迁移的传递和一定范围内的积累和持续时间。因而在监测项目确定后还要注意合理地布置监测网点，人畜饮用水水源地、人口密度大、生产生活活动频繁的区域是重点监测的范围。

4．环境监测的类型

环境监测可按其监测目的或监测介质对象进行分类，也可按专业部门进行分类。

（1）按监测目的分类。

①研究监测（亦称专题监测或科研监测）。

主要是确定污染物从污染源到受体的全过程。当存在环境问题时，要求监测污染物质对周围环境的污染程度、污染范围、迁移转化规律以及对人和生物体的影响程度、性质，从监测数据和结论中寻求排污与生产的内在联系，并深入研究环境标准、监测方法及环境监测技术连续自动化等。此项监测的系统复杂，需要经过技术成熟的工作人员周密的计划，多学科互助协作共同努力才能完成。主要包含：

a. 调查监测。包括水体、大气、土壤、作物、重金属、农药本底调查监测等。

b. 定标监测。包括监测方法、标准物质研制监测。

c. 评价监测。包括专项评价和综合评价监测等。

d. 预防监测。包括预防各种灾害事故的超前性监测等。

②监视性监测（又称例行监测或常规监测）。

监视性监测是监测工作的主体，也是监测水平的标志，主要提供控制排放效果的资料，判断超标程度和污染趋势的数据，包括大气监测网、水体监测网等。在不同功能的区域内选择有代表性的监测点，定时、定点、定期进行长期监测，从而收集环境数据，衡量环境标准实施情况和环境保护工作的进展，强化环境管理的技术监督和技术支持工作。我军环境监测工作起步较晚，尚未形成系统，目前主要采用定时、间歇式监测方法，监测范围窄，尚不能满足监视任务的要求，有待向连续自动监测系统发展。

③特定目的监测（又称特例监测或应急监测）。

这类监测除一般地面固定监测外，还有流动监测、低空航测、卫星遥测以及介于监测站和实验室之间的暴露监测等。具体可以分为以下四种：

a. 污染事故监测。在发生污染事故时进行应急监测，以确定污染物扩散方向、速度和危机范围，为控制污染提供依据。如核动力事故发生时放射性物质危害的空间和时限，油船、军舰油料溢出污染的范围和程度，军工单位工业污染源意外事故造成的影响，敌人施用化学或细菌武器的种类、性质和在战场上造成的危害等。

b. 仲裁监测。主要针对污染事故纠纷、环境法执法过程中所产生的矛盾进行监测。仲裁监测应由国家或军队指定的权威部门进行，以提供具有法律责任的数据。

c. 考核验收监测。包括军队监测人员考核、方法验证和污染治理项目竣工时的验收监测。

d. 咨询服务监测。为军队科研机构、生产单位、港口基地、机场库房等提供服务性监测。例如新建场站、油库、港口应进行环境影响评价，需要按评价要求进行监测。

（2）按监测介质对象分类。

可分为水质监测、空气监测、土壤监测、固体废物监测、生物监测、噪声和振动监测、电磁辐射监测、放射性监测、热监测、光监测、卫生（病原体、病毒、寄生虫等）监测。

（3）以监测部门进行分类。

可分为基线监测（气象部门）、卫生监测（卫生部门）、例行监测（环保部门）、资源监测（资源管理部门）等。

5．军队环境监测的目的、任务和类型

军队环境监测是开展军队环境管理和营区环境科学研究的基础，是制定军队环境保护和法规的重要依据，也是搞好环境监视、测定活动的中心环节。

（1）军队环境监测的目的。

①评价军事活动对环境质量的影响，并预测环境质量的发展趋势。

通过对营区、厂区、库区、港湾、海区、训练场、农场和机场等区域环境数据的监测、收集、整理、分析，提供当前环境质量状态的报告，判断是否合乎国家和军队的环境质量标准。同时，掌握环境污染物的时间与空间分布状态，预测污染的发展动向，以便采取防治措施减少对官兵和居民区的危害。此外，判断污染源造成的实际影响，找出污染浓度最高和潜在问题最严重区域，评价治理的实际效果。最后，提供环境污染与破坏对营区环境、周边生态、官兵训练产生的影响，为不断完善全面的环境管理措施提供科学依据。

②为军队制定环境法规、标准、环境规划、环境污染综合防治对策提供科学依据，监测军队环境质量管理的效果。

通过环境监测所获得的大量数据，依据我军现有的技术和管理水平，结合经济效益、社会效益、军事效益制定适宜军队施行的环境保护法规和环境质量标准，如已经颁布的《中国人民解放军环境保护条例》《中国人民解放军环境监测管理规定》《中国人民解放军绿化条例》《中国人民解放军环境影响评价条例》等。通过对数据的归类和分析还可建立和验证各类污染模式或模型，预报污染的发展趋势，为做出正确的决策提供可靠依据，使得环境质量评价的结果尽可能符合实际。在对环境的实时监测过程中，还可以不断修正环境法规、标准、规划，为综合防治对策提供数据。

③通过环境监测可揭示新的污染问题，查明污染源、确定污染物质、防止污染事态扩大，为环境保护提供科学的预测和决策，为环境科研提供方向。

经常性、不间断的环境监测可为环境管理提供有效的预测、决策依据。目前，为应对新时期作战任务的需要，部队的训练任务多，舰船出海巡航的时间长，军队单位分布广，一些设备陈旧、工艺落后，危害环境的废水、废气、废油、固体废弃物、粉尘、电磁波辐射、放射源等有害物质，以及噪声、恶臭、振动等环境问题随时都有可能对营区环境和官兵身心健康产生危害。及时的监测、实时的分析能在最短的时间内发现可能产生危害的污染源，及时消除影响，保障部队生活、训练任务的有序开展。

（2）环境监测的任务。

军队环境监测的主要任务：重点针对军队所属单位污染源及排放口进行经常性监测，了解和掌握军队系统或本单位主要设施、排污特性及排放次数，按照国家和军队有关标准评定环境质量，为军队系统或单位的环境治理服务。以军队机场、港口、基地、仓库、工厂等单位的环境监测站（室）为例，大体有以下任务：

①拟订本单位环境监测计划，按要求开展日常例行监测工作，行使监督的任务和权利。

②有计划地组织本单位对重点污染源的调查研究，掌握污染物的排放状况，研究污染物排放特征，为本单位的污染防治服务。

③及时分析处理监测数据和资料，建立监测数据信息数据库及污染源分类技术档案，定时编制报表或报告，报送上级环境监测地区站。

④对本单位新建或改建的工程项目进行使用前后的大气水源测定、对比、验收和评定，保证“三同时”的落实，在工作结束时编写监测验收报告，呈送有关主管部门和监测中心。

⑤负责对单位发生的污染事故的调查研究。其内容包含事故肇事的原因、排放浓度及总量、危害范围及延续时间、损失情况和处理结果等，并将调查报告及时上报上级主管部门。

⑥完成上级赋予的其他职责。

二、环境监测管理

（一）环境监测管理的特点

环境监测是一个复杂的大系统，能否对其实现高质量、高效率的管理，将直接影响环境监测的质量及其作用的发挥。而要实现对其有效的管理，首先应了解环境管理的特点。环境监测管理的基本特点主要有以下五个方面：

1．目标性

任何管理都是有目标的管理，只有这样才可能是有效的管理。军队环境监测的管理目标从宏观上讲，就是不断提高营区环境管理服务的水平，能提供及时性、针对性、正确性和科学性的管理服务；从微观角度来看，最重要的就是环境监测数据、资料的代表性、可比性、精密性、准确性和完整性。前者统称服务质量，后者惯称监测质量，两者互相联系，互为补充。图 7-1 为环境监测目标管理示意图。

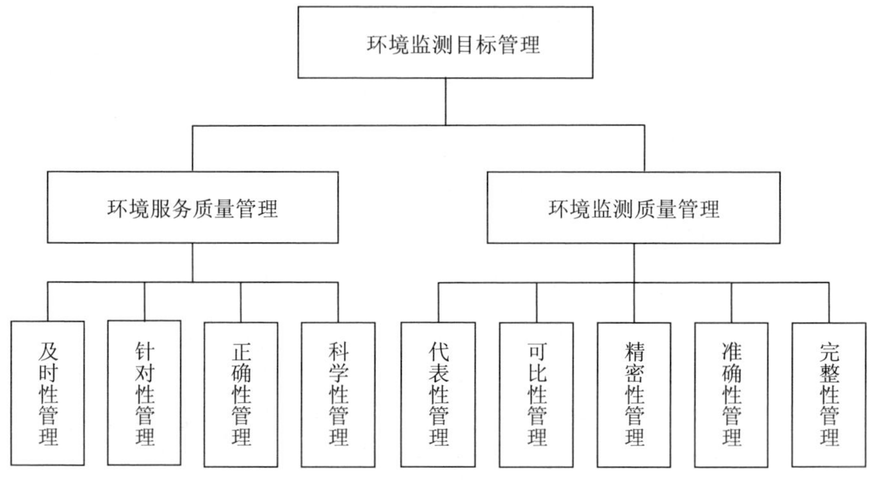

图 7-1　环境监测目标管理示意

2．层次性

军队环境监测是营区现代化建设的重要力量，承担的工作包括贯彻落实国家和军队有关环境保护、环境监测工作的方针、政策；制定军队环境监测工作计划和规章，规范环境监测技术、方法；建立健全科学配套的军队环境监测网络体系，实施环境监测与评价，为军队环境管理、环境决策、污染防治提供技术支持和服务。它涉及的技术学科面很广，与软、硬学科的各个方面都有联系，要对它进行有效的管理，还必须弄清楚它的层次关系。环境监测管理的层次性包括：

（1）按环境要素。可分为大气环境监测管理、水环境监测管理、噪声监测管理、固体废弃物监测管理、放射性监测管理、生物监测管理等。

（2）按监测过程。可分为监测点位管理、采样技术管理、测试方法管理、监测数据管理、综合分析评价管理等。

（3）按污染物污染过程。可分为污染源监测管理、环境要素监测管理、影响监测管理等。

（4）按监测部门。可分为气象监测管理、卫生监测管理、环境监测管理、资源监测管理等。

（5）按监测工作性质。可分为监测计划管理、监测技术管理、监测网络管理、监测质量管理。

总之，环境监测管理工作必须分清层次、理顺关系、分类突破。

3．动态性

环境问题不是一成不变的，环境监测工作在不同时期有着各自的重点，否则无法捕获真实的环境质量信息，很难做到环境管理服务的及时性、针对性。所以，环境监测管理必须适应环境质量态势的变化，及时调整管理目标。比如监测项目的增减、频率的升降、点位的变更等，始终维持监测工作的高质量、高水平。

4．整体性

环境监测过程是由布点、采样、测试、数据处理和综合评价等基本环节组成的复杂系统，各环节之间既有独特的个性，又有密切的联系，共同构成完整的监测过程，缺一不可。任何一个环节都有其特定的目的，对环境监测的总体质量有着一份贡献，对环境监测实行的质量管理必须是全过程的质量管理。基于环境监测的这一特性，环境监测的质量问题必须通过建立完整的质量保证体系才能解决，任何一个过程的质量控制都不能取代全过程的质量保证工作，在环境监测的管理工作中，充分认识和运用整体性是至关重要的。

5．军队环境监测管理的特殊性

军队来源于人民，并生活于人民之中，地方环境监测的目的和内容同样适用于军队部门，但军队作为一个特殊的群体，担负着保卫祖国的神圣使命，长期战备、训练和作战的要求使环境监测有其本身的特点。比如战场上对敌人的化学武器甚至细菌武器袭击的监测；对部队常年驻守的高原、深山老林或海岛环境的监测；对敌人核武袭击的监测；对自身尖端武器试验、贮存和使用条件环境的监测；对坑道环境空气质量的监测；对军事演习和训练中坦克、炮弹等产生的扬尘的监测；军港舰艇油污和突发性溢油事故对海洋生态环境的危害监测等。这些特殊性使得环境监测与保存部队战斗力和提高部队生存力密切相关，若环境监测搞不好，往往会减弱甚至丧失部队的战斗力，影响战备和作战任务的完成。与政府部门和地方的环境监测工作相比，军队环境监测工作有以下 3 方面的特点：

（1）工作的重点不同。

军队环境监测的重点主要是军事污染源、军事活动对环境的影响和军事区域生态环境及有关战斗岗位的环境质量，而不是整个区域的大环境质量及其变化趋势。

（2）工作的内容不同。

军队环境监测除了要完成必须的环境监测任务外，更主要的是要依据监测情况，对各种污染环境和损害生态的行为进行监测控制，对相关法规和指令的贯彻执行进行督察，对有关防治措施和方案进行技术支持和审查，甚至要直接参与有关的预防和治理行动等。

（3）工作方式不同。

由于军队污染源点多面广和总量较小等特点，以及军队环境监测力量相对不足的现状，对军事污染源的监测不可能也没必要按照国家规定的监测频次进行监测，只能改革工作思路，研究开辟新的工作途径，主要采取抽测、比对以及衡算的方法掌握其排污状况和规律。

（二）环境监测管理的特点

监督是环境监测管理的最基本职能和最大权力。环境监测在环境监督管理中占有重要地位，离开环境监测，将无法进行监督。环境监测是环境管理的“耳目”，既是环境管理的主要组成部分和主要手段，又为全面的环境管理工作服务。随着科学技术的进步和生活水平的提高，环境管理的科学化、定量化、法制化等要求必将越来越高，从而使环境管理越来越依赖于环境监测。因此，必须强化环境监测机构的正规化、标准化建设和管理，不断加强环境监测队伍的建设，加强环境监测方法及仪器装备的研究，不断促进监测工作的现代化和科学化，不断加快与国际接轨步伐，确保监测数据质量的可靠性，以满足测量项目所需的质量要求，并具有法律上的辩护能力。只有这样，才能使监测结果更加及时、准确、可靠，才能更好地为环境管理提供高效优质的服务。

（三）环境监测管理的内容

按照环境监测工作的主要环节和质量要求，环境监测管理的具体内容应包括以下四个方面：

1．监测技术管理

监测技术管理的内容较多，其核心内容是环境监测的质量保证与质量控制，根本目的是确保监测数据的代表性、可比性、精密性、准确性和完整性要求。

2．监测计划管理

监测计划管理就是用计划的形式，对环境监测的各阶段、各环节的有关工作进行组织、指挥、协调和控制，以提高工作效率，增强内部活力。根据目前各级监测机构的建设情况和承担的任务，环境监测计划管理的内容主要包括监测工作计划、环境质量报告计划、科研开发计划以及人员培训计划管理等。

3．监测网络管理

监测网络管理的主要任务，就是加强各种监测力量的纵向和横向配合协调，充分调动各方面的力量，分工合作，采用统一的监测技术方法，联合开展有关监测活动，以节约资金，减少重复劳动，提高工作效率。

4．监测监督管理

监测监督管理是各级监测机构的一项重要职能，环境监测机构不仅是一个独立的监测数据“工厂”，同时也是环境主管部门的监督派出机构，执行环境监督职能，为强化环境管理提供技术监督和技术支持工作。所以各级监测机构只有在准确获取监测信息、正确评价监测数据的基础上，充分发挥监测数据在环境监督管理中的作用，积极主动地参与监督管理，才能有效发挥环境监测的作用。

（四）环境监测管理的原则

1．质量第一的原则

环境监测工作质量是监测工作的生命线，也是环境监测管理的出发点和归宿点，各级监测机构要通过强有力的质量保证和质量控制，确保监测数据质量特征的全面实现。

2．经济实用原则

监测不是目的，而是手段。既要看到环境监测技术现代化的趋势，加快发展步伐，又要紧密结合国情、军情、社情，确定环境监测技术的路线和装备水平，尽力满足环境管理对环境监测数据准确性、可靠性、实用性的要求。

3．全面管理原则

环境监测对象庞杂、因素多变，监测过程环节众多，岗位交错。从布点采样到综合评价直到监督管理的每一个阶段，从采样分析到数据处理的每一个环节，都对监测工作质量具有重要影响。只有切实加强各阶段、各环节的全过程控制与监督，搞好各部门、各类人员的全方位协调和配合，才能确保为环境监督管理提供及时、准确、可靠的科学依据。

4．重点优先原则

对环境造成污染危害的因素十分复杂，由于人们认识能力、科技水平、物力和财力所限，环境监测不可能涵盖所有环境因子，所以必须立足于重点污染物优先监测的指导思想。在确定监测目标时，应对那些在现有技术条件下，能对污染发展趋势做出正确解释判断和描述的项目予以优先体现；在制订监测计划时，应对那些毒性大、危害严重、影响面广的污染源优先安排监测；在调配监测力量时，应对人口稠密、经济发达的城镇和地区以及风景名胜区、休养区、自然保护区等重点保护地区予以优先保证等。

5．协作配合原则

环境问题的复杂性决定了环境监测的多样化，要全面掌握环境指令状况，就必须充分调动各地区、各部门、各行业的监测力量，组成有力的监测网络，发挥各自优势，形成能力互补，以最大限度地提高监测能力，共同做好监测工作。

第二节　环境质量监测管理

军队环境质量监测管理，是指为保证环境监测质量而对军队环境监测过程进行计划、组织、控制和监督的活动。军队环境质量监测管理的基本任务：贯彻落实国家和军队有关环境质量监测管理的法规规章，建立军队环境质量监测管理体系，健全军队环境质量监测审核、检查和监督机制，提高环境质量监测的总体水平。

全军环境质量监测管理由军队环境监测总站负责，其他单位的环境监测中心站负责本系统、本单位的环境质量监测管理。军队各级环境监测机构在承担环境监测时，应当根据监测任务的目的和条件，制订具体监测实施方案。监测实施方案的内容主要包括：监测任务需求、监测点位勘察设计、监测标准和监测方法、技术力量配备、技术要求和工作时限等。

一、军队环境质量监测的地位和作用

（一）军队环境质量监测工作是军队环境管理的基础

“环境管理必须依靠环境监测，环境监测必须为环境管理服务”这个科学论断，从宏观上很好地说明了环境质量监测与环境管理的关系。从微观上讲，环境质量监测，是指由环境监测机构按照规定的程序和方法，对环境质量要素进行监视、测试、检查和解释的过程，是对环境行为是否符合法规规定进行执法性监督、检测和评价的过程。它本身就是一种对环境的管理行为，不仅是领导机关工作具体化的延伸，而且是领导机关管理环境、进行环境决策的基本单元。通过有效地开展环境监测工作，可以明晰军队营区的环境质量状况和发展趋势，清楚各相关单位污染源分布情况，掌握污染治理现状和治理设施运转情况，以及各单位环境执法、环保知识普及等环境管理情况。因此，军队环境监测工作是军队环境管理的基础。

（二）军队环境监测人员是军队环境管理的重要技术保障力量

据考察，美军一个基地就有 10～15 人的环保人员编制，按照美军目前基地数目平均统计，美军从事环境管理的人员有 6 000～8 000 人。除此之外，美军还建立有各种环保中心站，为环境管理提供技术保障。按照目前我军的环保体制，全军直接从事环境管理的人员仅有 30 多人，从事环境监测的工作人员近 400 人。仅从数量上看，即使我们充分发挥了监测机构人员的作用，我国与发达国家的军队还有不小的差距。从工作现状上看，环境监测机构的技术人员是我军环境管理部门可以直接依靠的重要技术力量，涉及环保技术咨询、环保信息服务、技术方案论证、项目审查、环境影响评价、环保执法、知识普及，以及环境质量与污染调查等。我军环境监测机构必须从环境管理的全方位筹划，开展对环境管理机关的技术保障。

（三）重点抓好军事区域环境质量监测

军事区域环境具有特定的军事属性，而又高度分散在不同的地方大环境之中，其一般的环境质量指标受当地环境的制约和控制。因此，对于大环境中一般性环境质量指标的监测以及区域性重要环境要素的预警，不是我们的工作重点，但是可以充分发挥优势，加入国家或地区环境监测网络，积极做些力所能及的贡献。军事区域环境安全监测的重点，主要是诸如辐射环境质量等特殊环境要素的监测，营房设施、地下设施、值守阵地以及重要战位和装备的内部环境质量的监控及其发展趋势预测，其包含以下三方面内容：

1．搞好室内环境质量监测

认真开展室内环境质量监测，不断完善监测手段和方法，坚持抓好现有公共用房和战士宿舍的室内环境质量监测，为官兵提供室内环境质量信息；按照国家有关规定，结合本单位、本地区的实际，开展对新建、改建、扩建工程室内环境质量的竣工验收监测。

2．逐步开展战场设施和装备环境质量监测

结合各单位实际和监测能力，开展对战场工程设施、特种装备环境质量的监测，为改善环境质量提供可靠的技术依据，开拓为提高部队战斗力服务的新领域。

3．为创建“绿色营区”提供技术服务

各环境监测中心站要配合同级环办，为部队开展创建“绿色营区”活动提供污染防治的技术咨询服务；对申报“绿色营区”的单位，要严格按照有关标准，对营区污染源治理情况和营区环境质量做出公平、公正的评价。

二、近年来全军环境质量监测工作进展

近年来，军队环境质量监测工作取得的一些成绩，主要包括：开展了全军污染源普查工作，建立了初步的污染源数据库；坚持每年对军队单位重点污染源进行环境质量监测监督，尤其是几个重点水污染控制区的监测；开展了污染治理设施运转情况的监督检查，重点完成了对医疗机构污染治理情况的监督检查；增加了室内环境监测项目，对部分指挥作战阵地和重要的首脑机关的空气质量进行了监测评价；逐步开展了军

事特种污染源监测工作；开展了应急监测能力的初步建设；全军监测系统新添监测设备 100 多台（套），对监测人员开展了岗位培训，培养了一批热爱环境监测工作的技术骨干；部分单位还积极承担了污染治理的有关技术服务与保障工作。

三、面临的机遇与挑战

（一）军事环保事业的发展，为军队环境监测工作注入了动力

随着全球经济的发展和科技的进步，人类对环境及环境保护的关注程度，已经超过了以往任何时期。在我国，实现“中国梦”的宏伟蓝图，正在为我国环保事业描绘阳光前景，赋予了环境监测部门更大的使命，正在蓬勃发展的环境保护工作，为军队环境监测工作注入了强大的动力。这几年，党和国家对军队环保工作非常重视，已拨出专款治理军事区域水污染问题，将来还要涉及更多的环保问题。在这种形势下，军队环境保护和营区生态建设的任务会越来越重，军队环境监测工作，在军队环境保护和生态建设中的作用更加凸显出来。其主要任务有：

一是满足环保主管部门和各级领导进行环保决策的需要；二是满足各单位和各级环境保护主管部门技术支持的需要；三是满足军队现代化建设的需要。现代化建设，使环境监测需求将不断增加，如军事特种污染源的监测；部队战备、训练和武器装备的研制、试验和退役等的评价监测；营房、阵地、工事、舰船、车辆等特殊军事室内环境与战位环境质量的监测；应对突发性环境污染事件的应急监测等。

（二）军队环保法规大力支持了军队环境监测工作

新的《中国人民解放军环境保护条例》《中国人民解放军绿化条例》和《中国人民解放军环境影响评价条例》等法规，都设专条对军队环境监测机构的地位、职责和任务进行了明确规定，为军队环境监测工作的展开提供了有力的法律支持。

（三）编制和经费问题将陆续解决

随着军队环境监测机构的纳编，军队环境保护经费的增加，各级对环境监测的经费将会较以前有明显的增加，困扰和制约军队环境监测事业深化和发展的问题有望得到较好的解决。

所有这些，将为我军环境监测工作提供良好的发展机遇。只有认清

形势，增强信心，抓住机遇，进一步拓宽工作思路，迎接挑战，做好工作，才能不断做出新成绩、新贡献，才能不辜负时代和社会赋予的责任。

四、面临的问题

（一）思想认识

一是需要进一步认清环境质量监测工作的地位和作用。军队环境质量监测是军队环境保护工作的重要组成部分，是做好环境保护工作的基础和重要技术支撑。军队环境监测机构既不是一个纯技术单位，也不是一个纯管理机构，而是一个以技术为主、兼有管理监督职能的技术保障机构，是各级环保主管部门的重要参谋和助手。

二是军队环境质量监测工作需要各级环保主管部门的关心。环保主管部门应当自觉贯彻依靠环境质量监测进行环境决策和管理的方针，注意发挥监测机构的作用，积极依靠环境监测机构，开展环境监管。

三是各级监测机构应增强主动服务意识。监测机构要摸准军队环境保护工作的脉搏，围绕军队环保中心工作和现实任务，摆正位置，紧盯军队环境保护管理的需求，苦练内功，提高素质，提供优质的服务与保障。

（二）工作方式

一是环境质量监测工作要突出重点。军队各级环境质量监测机构，应把质量监测工作的重点放在军事特种污染源监测，军事活动环境影响评价监测，重要设施、装备、驻地、阵地等的环境质量监测，以及应急监测准备上。对部分保密性不强的普通污染源及常规环境质量监测，可借用或者依托社会监测力量实施。要根据生态建设需要，有关监测单位应逐步启动生态监测工作。二是要围绕军队环保中心任务搞好技术保障。军队环境监测机构，应始终能够说清楚军队环境污染源的状况，要紧紧围绕军队环境保护工作的中心，做好执法监督、技术把关等工作。在当前，要积极协助管理部门和建设单位，做好技术咨询、服务和保障工作，突出方案审查、施工指导、监督，以及项目竣工验收监测等工作，同时适当安排力量，做好军事区域生态资源的监测工作。在军队工程建设项目的环境影响评价、环保法规与技术标准规范建设方面也要逐步加强，积极主动、认真谋划。三是要搞好环境信息管理的建设。各级环境监测监督机构，应注重计算机技术和现代统计工具，加强对环境保护信息的管理。军队环保信息中心设立在全军环境监测总站，各环境监测机构要把所属范围内的环境保护信息加工好、储存好，根据需要，使信息可及时、准确、有效地提供给环境管理决策机构。

（三）管理关系

要积极协调好行政管理部门、业务指导部门、地方环境监测部门等之间的关系，创造良好的工作环境，促进环境监测工作的顺利开展。这需要各级领导、环境管理部门、监测部门同心协力、积极配合、加强沟通、相互理解，共同推进环境质量监测工作的良性循环和逐步完善。

（四）经费保障

经费保障是正常开展环境质量监测工作的基础。一是争取建立正常的维持费标准。目前，全军环境监测监督机构应当积极按照有关规定，尽快建立起单位正常维持费户头，落实其单位的正常维持费保障。二是积极争取国家支持。要用好国家现有政策，积极争取将军队环境监测监督系统纳入国家环境监测整体体系之中，争取得到国家、地方的经费、信息和技术支持，以增强军队环境监测监督工作发展的后劲。三是增加业务经费保障。在各级环保主管部门下达环境监测业务工作时，各级监测机构可积极协调上级部门提供相应的经费保障，以保证各项工作任务的圆满完成。

第三节　污染源监测管理

一、污染源监测的目的和意义

要使人类赖以生存的环境清洁、舒适、优美，就要与危害环境的污染作斗争。而斗争的主要对象就是产生各类污染因素的根源，即污染源。如同打仗一样，要想取得胜利，必须准确掌握敌情。要想有效地控制和治理各类环境污染源，就必须对其进行准确、科学的监测和评价。

污染源监测包括污染物排放出口的排污监测；固体废物产生、储存、处置、利用过程中的排放点监测（军队的污染源监测还包括放射性、电磁辐射、流动性等污染源的监测）；防治污染的设施运行效果监测；“三同时”项目的竣工验收监测；现有污染源治理项目的竣工验收监测；排污许可证执行情况监测和污染事故应急监测等。

通过污染源的监测管理，可以发现和估量污染源的潜在危害，以便及时采取预防措施。例如，工业污染物以废水、固体废物的形式排入水体或土壤时，如果通过监测和调查手段及早发现其潜在的污染因素，并能尽早采取控制措施，就不致造成更大的危害。反之，如果已造成了严重污染，再进行治理就要付出巨大的代价。

进行污染源的监测管理，是进行环境污染预测、预报的基础。通过对污染源的监测，掌握污染物排放的数量、浓度及其时空分布规律，结合自然条件，就可以进一步研究污染物在环境中的运动规律，建立相关预测模型，为污染物的预测、预报提供服务。

通过污染源的监测管理，可以为污染控制和采取综合对策提供依据。为了控制环境质量达到国家的规定标准，就必须使污染源的污染物排放控制在国家排放标准以内。这就需要根据监测和调查的数据和资料，采取综合的技术政策、管理政策和经济政策，优化控制方案，有效削减排污量，确保区域环境质量不断改善。

通过污染源的监测管理，还可以为单位进行技术改造、污染治理、综合利用和强化环境管理等指明方向。环境污染的形成，主要是对能源、资源的不合理利用所致，深入进行污染源的监测评价，就能够查明潜在的浪费之处，实质上就等于发现了单位内在发展的潜力。

通过污染源监测管理，全面掌握全军各类污染源的数量、分布，主要污染物及其排放量、排放去向和污染治理设施运行状况、治理水平和治理费用等情况，可以为科学制定军队环境保护政策和规划提供依据。建立军队各类污染源档案和全军以及军区级污染源信息数据库，就能为军队污染源监督管理奠定坚实基础。

二、军队污染源的对象和范围

（一）军事特种污染源

军事特种污染源是指为了保证军事目的的实现和军事活动进行，而形成的具有一定排放规模、危害较大的军事污染源。

军事特种污染源的监测管理对象：团以上部队单位，武器装备的生产、试验、修理、退役、报废机构；机场、港口、阵地、训练场、靶场、仓储、通信、技侦等特殊设施管理维护单位；医疗、科研、教学单位等。

军事特种污染源的监测管理范围：产生和排放重金属、石油类、放射性物质（包括各类放射源）、射线装置、危险废物，其他有毒有害化学物质、电磁辐射、噪声等污染物的污染源。

军事特种污染源的监测管理内容：

（1）单位基本信息，包括名称、地址、人员、联系人、联系电话等；

（2）能源消耗情况，燃煤、燃油、电能及其他；

（3）污染物排放情况，包括污染物的监测情况，污染物的种类、强度、排放去向等；

（4）污染治理情况。

（二）生活污染源

生活污染源是指为了保证军队生存和发展，而形成的具有一定排放规模的其他污染源。

生活污染源的监测管理对象：有编号的营区坐落（包括在用和空闲营区、场区、港区、库区、基地、阵地等）。

生活污染源的监测管理范围：产生和排放生活废水、养殖废水、餐饮废水、医疗废水、装备清洗废水，锅炉废气，医疗垃圾、生活垃圾、生活性废渣等污染源。

生活污染源的监测管理内容同军事特种污染源。

（三）污染治理设施

污染治理设施的监测管理对象：特种污染源的治理设施为团以上单位，生活污染源的治理设施为有编号的营区坐落。

污染治理设施的监测管理范围：污水处理站、垃圾处理处置设施、放射性废物处理处置设施、危险废物处理处置设施、废气处理设施、噪声处理设施、电磁屏蔽设施等。

污染治理设施的监测管理内容：

（1）治理设施管理运行责任单位信息，包括名称、地址、人员、联系人、联系电话等；

（2）污染治理设施运行管理情况；

（3）污染治理设施运行费用情况；

（4）主要污染物达标排放情况。

三、污染物的主要监测内容

按照全面监测、突出重点的原则，对污染源的监测内容主要针对环境影响较大、对污染防治具有普遍意义的污染物。具体是：

（一）废水

化学需氧量（COD）、氨氮、石油类、挥发酚、汞、镉、铅、砷、六价铬、氰化物、总磷、总氮、五日生化需氧量（BOD_5），以及有关特征污染因子。

（二）废气

烟尘、工业粉尘、二氧化硫、氮氧化物，以及有关特征污染因子。

（三）固体废弃物

包括危险废物（按照《国家危险废物名录》分类调查）、作业垃圾、医疗垃圾、生活垃圾、生活性废渣、污水处理厂产生的污泥和危险废物焚烧的残渣等类别。

（四）放射性物质

包括放射性污染物，放射源。

四、污染源监测管理的要求

（1）军队排污单位应根据所属环保主管部门或环境监测机构的要求，对其污染物排放口、污染处理设施进行定期监测，并按照规定上报监测数据。不具备监测能力的排污单位可委托所属军队环境监测机构或经考核合格的其他环境监测机构进行监测。

（2）建设项目在正式投用前和现有污染源治理设施建成投入使用前，建设单位必须向负责项目审批的环保主管部门的监测机构申请“三同时”竣工验收监测或治理设施的竣工验收监测，其监测结果是验收的依据。

（3）军队单位的环境污染纠纷，由当事人委托军队环境监测机构进行监测，纠纷当事人对监测数据有异议时，可向上一级军队环境监测机构申请复核。

（4）环境监测人员到排污单位进行现场监测时，必须出示有效证件，被监测单位应协助环境监测人员开展工作，任何单位和个人不得以任何借口加以阻挠。

（5）军队排污单位的污染源可以接受当地环保部门及其所属环境监测机构的监督性监测，但必须预先通知其主管部门同意，在执行任务时，严格遵守有关保密规定。

（6）军队排污单位应按规定，定期向所属的军队环境监测机构报告污染源排污情况监测结果、污染源治理设施运行情况和排污申报数据。军队各级环境监测机构应对这些情况做出适当分析后报告同级环办和上级环境监测机构。

五、军队污染源监测管理的工作重点

（一）坚持对重点污染源监测

按照国家和军队确定的环境污染重点治理区域、流域和海域，突出抓好重点污染源和军事特种污染源监测。

1．抓好国家重点控制区域水污染源监测

各级环境监测站，要坚持对国家明确的“三河、三湖”，环渤海湾，三峡库区及其上游，南水北调工程沿线等重点区域军队单位水污染源的监测，努力掌握污染物的排放达标情况、污染治理设施管理情况，及时向同级环保主管部门提供监测数据和信息，提出污染防治的建议和措施。

2．搞好 113 个重点城市大气污染源监测

各级环境监测站，要结合国家对 113 个重点城市大气污染治理进度的要求，合理安排人力、物力，对本战区内军队单位大气污染源进行监测。尤其要对污染严重、官兵和地方群众反映强烈的大气污染源进行监测和检查，为大气污染源的治理提供决策依据。

3．突出军事特种污染源监测

军队生活类污染源的监测技术方法与国家要求基本一致，其污染影响的范围和程度一般也比较轻微，但由于其位于军事区域内，又直接与官兵密切接触，虽然在监测频率和要求上可以放宽，也必须由军队环境监测机构承担，即使将来这些污染的治理实现了社会化，军队环境监测机构的监督工作也不能放松。但是，军队污染源监测的重点一定要放在军事特种污染的监测上，这是别的单位无法替代的，也是军队环境监测

的主业，必须规范化、法治化。各级环境监测站，要结合本单位、本系统的实际，有计划、有针对性地对电磁辐射、电离辐射、舰船油污水、火箭推进剂废水、弹药销毁废水和机场噪声等军事特种污染源进行监测，探索研究军事特种污染的现状、变化规律及防治方法、措施，为主管部门提供技术服务。

（二）搞好污染治理工程技术服务

按照全军环办下达的污染治理计划，各级环境监测站，要密切配合同级环办和有关建设单位，做好污染治理工程建设中的技术咨询服务。

1．做好污染治理工程建设前期论证

要发挥军队环境监测站的技术优势，配合同级环办和有关建设单位，做好污染治理工程立项前的技术方案论证和审查，确保方案技术先进、经济合理、适合部队实际。

2．加强施工过程中技术监督与服务

要大力协助同级环办和建设单位，深入施工现场，监督每个工程施工环节，解决技术难题，做好技术服务，并指导有关管理制度的制定和操作人员的培训。

3．搞好污染治理工程竣工验收监测

在污染治理工程竣工验收时，环境监测机构要积极参加污染治理工程的竣工验收监测，监测数据要准确，结论要客观公正。对监测验收不合格的，要明确指出问题和改进的建议，同时要进行必要的跟踪监测。

（三）强化污染治理设施的监督检查

要注重对现有污染治理设施运行和管理情况的监督检查，使其经常处于良好运行状态，充分发挥效益。

1．搞好医疗污水和医疗废弃物处理设施监督检查

各环境监测中心站，要定期对本系统本单位医院医疗污水治理设施运转情况和废弃物处理情况进行监督检查，监督检查结果要向有关环保、卫生主管部门通报，督促医院对医疗污水和医疗废弃物治理设施的管理。

2．搞好生活污水治理设施监督检查

有关环境监测中心站，要加强对军队现有生活污水处理设施运转情况的监督检查，其结果要向有关单位环保、营房主管部门通报，以促进

对生活污水治理设施的管理，提高治理效果。

3．搞好锅炉烟尘治理设施监督检查

各有关环境监测站要有计划、分期分批地对现有锅炉烟尘治理设施运转情况进行监督检查，尤其要对驻 113 个重点城市部队单位的锅炉烟尘治理设施进行跟踪监督检查，监督检查情况报同级环办和全军环境监测总站。

第四节　环境保护监督监测管理

所谓军队环境保护监测监督，是指由军队环境监测监督机构按照规定的程序和法规的要求，对代表特定军事区域的环境质量及其发展趋势的各种环境要素进行技术性监视、测试和解释，对环境行为符合法规的情况进行执法性监督、控制和评价的全过程操作。

环境保护是我军环保工作的重要内容，也是环境监测的最终目的。要进行环境保护，必须先弄清污染危害的原因，才能有效地采取相应对策，进行整治和管理。环境监测就如同看病前的化验、透视一样，是环境保护管理的基础和基本依据，没有环境监测提供的准确依据，环境管理决策就难免失当和盲目。

一、军队环境保护监督监测工作概况

军队环境监测工作依据《中华人民共和国环境保护法》第七条、第十一条和《中国人民解放军环境保护条例》第五章的规定，从 20 世纪 70 年代末起步，经过多年的探索和实践，已经取得了明显成绩。各级环境监测机构陆续建立、逐步完善，广大监测人员为保护环境、抑制环境污染做出了一定贡献，受到了部队官兵的欢迎。

1995 年 1 月，国家环保局和总后勤部联合发布通知，正式把军队单位污染源监测监督任务交给军队监测系统承担，从法规上确认了军队环境监测机构的工作范围；1995 年 6 月，总参谋部批复了部分军队环境监测机构使用军人干部的问题，从编制上确认了军队环境监测机构的法律地位。1996 年 1 月，总参军务部和总后基建营房部又联合发布了《军队监测系统承担军队单位污染源监测任务的实施办法（试行）》，对军队单

位污染源的范围、军队环境监测系统的组成、地位、资格、职责等均做了明确规定。1996 年 7 月，总后勤部和国防科工委联合颁布《军队环境保护计量监督管理办法》，对军队环境监测机构的计量认证工作也做出了相应规定。2003 年 2 月，总后勤部制定颁发了《军队环境监测管理规定》，对军队环境监测的基本原则、监测机构的设置和职责、监测机构的资质与监测人员的资格、监测技术与质量、军队环境监测的信息网络等做出了规定。

军队环境监测机构的主要任务是对军队单位的环境质量和污染源进行监督监测，建立形成本系统的监测网络。军队环境监测网络的类型，以管理功能为主兼顾要素归类需要，从整体上讲应是由总站、中心站、地区站和单位站四级监测站，以及军队专项污染因子监测站、点组成全军网、战区网，并在横向上与地方主管部门和国家环保系统网络保持密切联系、纵横闭合的网络体系构成。全军网由全军环境监测总站牵头，由各大单位中心站和全军专业监测中心以及有关科研院所等组成，牵头单位代表军队参加国家网。战区网由所在大军区环境监测中心站牵头，由辖区各军队地区站和军队专业监测点等组成，牵头单位参加辖区地方省级网。专业网由军兵种环境监测专业站牵头，由所辖专业站、点等组成，牵头单位参加国家有关专业监测网。

二、军队环境保护监督监测的内涵及特点

环境保护的目的是改善区域环境质量，实现经济与社会的可持续发展。能否达到这一目标，取决于环境保护的对策和措施是否能够落实到位，而环境保护的对策与措施的落实，都需要严格的执法和有力的监督。缺乏有效的监督，强化管理就会成为一句空话。

通常所讲的环境保护监测，是指由环境监测机构按照规定的程序和方法要求，对代表环境质量及其发展趋势的各种环境要素进行技术性监视、测试和解释。它的主要职能是出具具有法律举证性的公正监测数据，为环境管理决策提供技术支持和服务。

三、环境保护监督管理的作用

环境保护监督监测管理要以国家、军队的环境政策、法律、法规和

标准为依据，围绕国家和军队的环保工作中心和重点，运用法律赋予的权利和主管部门授予的权限，利用法律、行政、经济、技术等手段，以环保部门为主体，在有关部门的配合下对一切与环境保护有关的行为和活动进行执法与监察督促。其目的是保证各项环境保护的政策、法律法规、标准和环境规划等的实施和落实。

（一）强化监督是环境管理最有效的手段

历史的发展证明，这些年来，国家和军队的环境保护事业之所以取得举世瞩目的成就，主要是因为较为充分地发挥了环境保护部门的监督管理职能。

（二）环境监督是环境保护部门的重要职能

过去说环境保护部门是“上管天、下管地、中间管空气”，就是说什么都管。但反过来说，又什么都管不着。因为，管农业有农业部门，管工业有工业部门，管工程有基建营房部门，管作训有作战和军训部门，等等。环境保护部门的工作领域最重要的就是环境监督管理。这是环保部门唯一能够独立行使的、别的部门不能替代的职能。环境管理部门既是一个综合部门，与各个领域、各个方面联系十分广泛；同时它又是一个监督部门，对违反国家和军队的有关环境保护法规规章的行为，都有权进行监督。

（三）环境监督是推动环境保护目标实现的重要保证

环境规划目标，各种环境整治和生态建设的方案，各种环境法规和规章要求，都要依靠监督的推动来实现和落实。如果缺乏强有力的监督管理，这些都只能是一纸空文。另外，强化监督还可以促进环境保护部门自身建设的发展，促进人员素质的进步和促进管理水平的不断提高。

四、环境保护监督管理的依据、范围及内容

（一）环境保护监督管理的依据

环境保护部门履行监督检查的主要依据是：国家发布的有关环境保护的方针、政策、法律、法令、条例、规定、决定、办法、标准、意见以及会议决议等；军队发布的环境保护条例、规定、决定、办法、标准等法规和规章。环境保护管理部门的监督检查权力和军队环境保护管理部门对军队环境保护工作实施执法监督的权力都是《中华人民共和国环

境保护法》第七条规定的，同时在《中华人民共和国海洋环境保护法》等单行法中，也有明确的规定。

环境法规、环境标准和环境监测是环境管理部门履行监督检查职能的三个基本依据，三者缺一不可。没有完善的环境法规和环境标准，环境管理部门就失去了监督检查的依据和权威性；没有科学及时的环境监测，环境管理部门就失去了监督检查的科学性和有效性。环境管理必须将三者有机结合、充分地运用起来，才能发挥出威力和作用，也才能有力地促进环境保护事业的健康发展。

（二）环境保护监督管理的范围

就目前来说，环境保护监督管理的范围主要包括四个领域：

（1）由军事、生产和生活等活动引起的环境污染和生态破坏；

（2）由军事设施建设等建设活动引起的环境影响和生态破坏；

（3）由军事经济等活动引起的海洋污染和生态破坏；

（4）有特殊价值的自然环境及生物多样性保护。

（三）环境保护监督管理的内容

1．环境立法

环境法规是实施环境管理的法律依据，也是基本的行政手段。加强环境立法，属于宏观环境管理的范畴，是环境法制建设的重要方面。立法要先行，只有做到有法可依，环境保护和环境监督才能有效实施。

2．制定环境标准

环境标准是环境政策的具体体现，是环境法规的重要组成部分，没有环境标准，环境法规就无从执行。制定环境标准时，既要考虑对周围生态环境的影响、对人体健康的影响，也要考虑技术上的可能性和经济上的合理性。

3．开展环境监测

环境监测的主要作用是了解环境状况，评价环境质量，为科研和法律提供依据，监督法规的有效实施等。环境监测在环境监督管理中占有重要的地位。只有依靠科学的环境监测作为依据，环境监督管理才能做到科学、权威、有效。

4．依法对环境保护工作实施监督

环保部门依法对环境保护工作进行的监督检查，主要有四个方面的内容：

（1）监督检查各部门、各单位对国家和军队有关环境保护的方针、政策、法律、法令、规定、条例、制度、决定、指示等的贯彻执行情况。

（2）监督检查有关部门依法照规承担的环境保护管理义务的履行情况。

（3）监督检查有关环境保护工作规划、计划的编制、实施情况。

（4）监督检查有关的环境质量、生态环境状况和有关单位执行环境标准的情况以及污染防治、生态破坏的恢复情况等。

五、环境保护监督管理的方式

（一）环境保护监督的主要形式

环境保护监督有多种形式，按照监督的内容可分为污染防治监督、生态保护监督和环境行政执法监督三种；按照监督的对象可分为外部监督和内部监督两种；按照监督的强度可分为直接监督和间接监督两种；等等。

1．污染防治监督

在微观环境管理中，各级环保部门的主要工作内容和任务，就是对资源开发和军事、生产、生活中的污染防治实施监督管理。主要包括：污染防治设施运转情况的监督、污染物排放情况的监督、建设项目“三同时”执行情况的监督、限期治理项目完成情况的监督和军事特种设施环境管理情况的监督等。

2．生态保护监督

生态保护监督主要包括：资源开发和非污染性建设项目监督；自然保护区、风景名胜区、森林公园等的环境管理监督；流域和海岸生态保护监督；农业生态保护监督等。实施生态保护监督对于环保部门而言，主要是一种间接的监督，目前环保部门还不能独立完成监督的行为和过程，需要通过林业、农业、水利、资源等部门的配合而达到依法监督的目的。

3．环境行政执法监督

环境行政执法监督也叫环境稽查，是对环境执法者的行政行为的监督。具体是指国家环境保护总局和各省环境保护部门对下级环境监理机构的行政执法情况进行监督、检查和处理。

（二）环境监督检查的方法

1. 进行检查、调查、环境监测和环境监视

环境管理部门可以根据具体工作的要求，采取灵活的方式，对环境保护工作进行监督检查。监督检查可以由环保部门单独进行，也可与其他有关部门联合进行，还可组织有关部门或单位进行相互检查；可以由环境管理部门的专业人员和机构进行检查和监测，也可以发动群众进行监督检查；但是，最主要的是各污染单位及其主管部门自己内部的监督检查，要把环境保护工作纳入议事日程，在计划、研究、布置、检查、总结工作的同时做好相应的环保工作。

2. 注意发挥官兵在环境监督检查中的作用

提高官兵的环境保护意识，增强广大官兵参与环境保护的自觉性，加强官兵对环境保护工作的监督，是做好军队环境保护工作的重要基础。

3. 及时处理发现的问题

对监督检查中发现的问题，要区分情况，严格按照有关法规的要求，及时严肃地进行处理，做到有法必依，执法必严，违法必究。对重视环境保护工作并做出优异成绩的单位和个人，要给予表彰和奖励，对创造出的经验和做法要及时予以总结和推广；对不执行有关环保法规、造成环境污染和破坏的单位和个人，要进行批评和处罚，进一步提高监督检查的权威性和有效性。

4. 做好协调和服务工作

有效的监督检查离不开高效的综合协调和优质的服务支持。环境管理具有跨部门、跨行业的特征，无论是规划管理、污染防治、执法监督，还是建设项目管理、生态保护、行政业务检查等，如果没有相关部门的配合和支持，环保部门就难以独立完成。只有加强协调，才有可能减少干扰和阻力，增加支持和合力，改变环保部门孤军作战的被动局面，促进环境执法和监督管理的顺利有效实施。而服务则是执法监督的另一种形式，是环保部门监督职能的延伸。做好服务有利于实现行为主体由消极被动的服从到积极主动参与的转变，从而有利于监督者与被监督者之间情感通道的建立，有利于强化监督的效果和提高环保部门的威信等。

（三）军队环境保护监督的要求和措施

军队环境保护监督的主要要求和措施：建立和完善污染源及其治理的档案资料，实行污染源及治理情况报告制度；防治污染设施应当列入本单位营产或者固定资产，确定专人管理，保证设施正常运行；排放污染物的单位，必须依照军队环保法规的规定履行申报登记手续，领取排放污染物许可证；对造成严重环境污染的排污单位，必须限期治理或者采取关、停、并、转的措施等。

六、军队环境保护监督监测工作面临的形势和机遇

随着经济的发展和科技的进步，人类对环境和环境保护的关注程度超过了以往任何时期。近年来，国家对军队环境保护工作越来越重视，支持的力度越来越大，军队环境污染治理的领域不断扩展，环境保护和生态环境建设的任务越来越繁重，环境保护主管部门和各级领导，对环境监测数据的依赖和对监测监督结果的重视程度超过了以往任何时期。各单位和各级环境保护主管部门在军事污染治理项目方案确定、施工检查、竣工验收和运行监督以及在军队环境影响评价活动的监督验证、文件评审、执行情况检查监督等环境管理监督工作中，也越来越离不开环境监测监督机构的支持和协助，使环境监测监督工作的地位得到空前提高。

随着军队现代化建设步伐的不断加快以及以人为本理念逐渐融入军队建设和管理，对军事污染源防治、军事设施环境影响评价的监督监测，对战备、训练和装备研制、试验、使用和报废等军事活动环境的影响监测，对营房、阵地、工事、舰船、车辆等特殊军事区域和战位环境的控制监测，对声、光、电磁辐射、放射性以及其他有毒有害污染因子的削减监测以及应对突发性事件环境污染的预警监测等越来越重视，使军队环境监测监督工作空间大大拓展。

七、深化军队环境保护监测监督工作的措施和建议

（一）改变思想认识，主动发挥作用

一是搞准工作定位。军队环境保护监测监督是军队环境保护工作的重要组成部分，是做好环境保护工作的基础和重要技术支撑。由于军队环境保护和军事污染防治工作的特殊性以及军队编制体制的限制，军队

环境监测监督机构除要完成军队环境保护的有关技术监测任务外，还要承担在地方应由环境监理机构、执法队伍、技术审查机构和信息管理机构等承担的执法监督和技术信息管理等任务。所以，军队环境监测机构既不能像地方站那样是一个纯技术单位，也不能像机关局室那样是一个管理机构，而是一个以技术监测为主、兼有管理监督职能的技术管理机构，是军队环境保护管理的数据中心、信息中心、技术中心和培训中心，是各级环保主管部门的重要参谋、助手和耳目。

二是各级领导和环境保护主管部门要进一步重视军队环境监测监督工作。环境保护主管部门应当自觉贯彻依靠环境监测进行环境决策和管理的方针，注意发挥监测监督机构的作用，依靠环境监测机构优化环境保护技术监督和执法管理，帮助理顺关系，增大经费支持，提高其工作地位。

三是各级监测监督机构要切实摆正位置。环境监测监督机构要增强主动服务意识，摸准军队环境保护工作的脉搏，紧盯军队环境保护管理的需求，苦练内功，提高素质，主动工作，快出精品，在各级环境保护主管部门的统一领导下，高质量、高效益、高速度地完成好所赋予的各项监测监督工作任务。

（二）改变工作模式，凸显工作重点

一是要突出主业，拓宽工作领域。无论什么时候，做好环境监测工作都始终是环境监测机构的主业。对此，无论是环境保护主管部门还是环境监测监督机构都不能动摇。但在如何进行监测工作上，却需要认真结合军队特点，进行探讨和创新。

二是要围绕中心，提高服务水平。在当前，首先，应当根据全军的环境保护工作重点，认真做好位于国家环境保护重点区域的军事区域水污染治理项目的排水总量、主要污染物浓度、再生水利用量等重要设计依据的数据提供，设计方案的技术审查，施工过程的技术指导、监督以及项目竣工验收监测的准备等工作。其次，要调整力量，加强学习，做好军事区域生态资源的管护和消长情况的监测工作。再次，还要做好承担规划、计划和军队工程建设项目环境影响评价实施、评审和提供监测服务的人员和技术准备等工作。最后，还要随时做好环境保护主管部门赋予的有关环保法规、标准、规划、计划和各种管理指令落实情况的执法监督以及外侵性污染维权的监测保障工作等。

三是要强化信息管理，提高支撑效能。各级环境监测监督机构，要注意利用计算机技术和现代统计工具，加大环境监测监督信息分析加工的深度和技术含量，提高信息的容量、可信度和反馈速率，使零乱烦琐的数据变成规律的结论或意见，并能及时、准确、有效地反馈至管理终端，使其真正在环境管理决策中发挥主要的支撑作用。

（三）改革管理机制，盘活现有能力

一是尽快明确整合机构的管理模式，充分调动现有机构和人员的工作积极性。目前，全军环境监测总站和各大军区的环境监测中心站在编制上与工程质量监督站合并，使其成为新机构中的一个处室，在行政上实行统一领导。但在具体的运作模式上，各单位也不尽相同。有的单位是彻底合并，行政、业务全部统一领导，而多数则是行政上合并，业务上仍相对独立。因此，应当在编制合并、机构合编的前提下，进一步探索管理模式，以保证工作的连续性和工作质量的不断提高。

二是及时修订不合理的有关规定，充分发挥军兵种环境监测监督机构的作用。早先将环境监测监督工作纳入统供联勤机制的规定，对军兵种和总部所属环境监测监督机构、人员和工作，形成了不小的冲击和干扰。之所以做出这种规定，主要是由于当时对环境监测监督工作的认识还比较局限，忽视了环境问题的广泛性和复杂性特点，在后来的执行和运作过程中也一直没有落实。因此，应当实事求是地予以修正，在对非保密的生活性污染源监测逐步社会化的基础上，进一步加强各军兵种和各总部环境监测监督机构的建设，充分发挥其优势，更好地完成所承担的军队主要特种污染源和特殊区域军事环境的监测监督任务。

三是明确三级站的工作职能，进一步激活和放大军队环境监测能力。全军现有的 30 多个三级环境监测监督机构，多数分布在各战区的基地中，这些监测机构都担负着与所在基地任务相关的军事污染和特殊战位的环境监测监督任务，而且都基本上具备了与所担负任务相当的监测能力，只要进一步明确其工作任务和职责，在经费和管理上给予必要的支持，这些监测机构就不但能够完成好所在基地的环境监测监督任务，而且还可以承担起所处地域其他军队单位相应的军事污染和战位环境的监测监督任务。

第五节 污染事件应急监测管理

发扬军队高度集中、组织严密、指挥灵敏、行动迅速的特点和装备精良的优势，积极参加国家和驻地突发性环境事故的处置活动，是军队开展环境保护工作的又一个重要方面。

为了更有效地完成好这项任务，按照国家和军队的要求，军队建立了应急环境监测系统，组建应急监测队伍，装备应急检测设备，加强监测人员的技术培训与实战演习，强化应急反应能力；建立了环境污染事故数据库和毒物数据库，设立环境污染事故处理处置查询系统，为实施污染事故的处置提供依据。

军队承担环境污染事故处置任务的单位和人员，积极参与了军内外重大污染事故的现场处置活动，快速、准确、有效、全方位地开展各项监测、救护、清理、鉴定、消洗和恢复等工作，为将事故损失降到最低程度，做出了应有贡献。例如，成都军区环境监测中心站主动依托西南战区军地环境监测协作平台，充分整合资源，与各省级环境监测中心站建立了分片区的突发环境污染事件应急环境监测联动机制，在应急预案、人员、设备和任务等多方面实现了科学对接，并定期组织开展军民联合应急监测演练，既有效提高了该站应对突发环境事件的应急监测能力，也进一步增强了西南五省（区、市）地方环境监测机构的应急力量。尤其是在抗震救灾等一系列突发环境事件的应急监测中发挥了重要作用。2008 年“5·12”地震发生后，按照已经建立的军民融合应急环境监测联动机制，成都军区环境监测中心站和四川省环境监测中心站在第一时间启动了军地环境应急预案，共同配合开展灾区环境和饮用水水源监测。5 月 14 日，从震中映秀采回的第一份饮用水水源水样空运至成都，该站迅速与四川省环境监测站技术人员共同分析，依托地方的先进设备和丰富经验，在 3 小时内将检测结果报送抗震救灾前线指挥部，为前指首长决策提供了重要参考。在抗震救灾工作中，成都军区环境监测中心站在做好 32 个供水站、淋浴站水质监测的同时，也对灾区 10 余个灾民安置点饮用水和环境质量进行了跟踪监测。但由于人员和装备的限制，无法对汶川、理县和茂县等 3 个较远的重灾区部队供水站水质实施跟踪监测，四川省环境监测中心站主动担负了该区域供水站的监测任务，实现了灾区供水站水质监测的全面覆盖，有力保障了救援部队官兵和灾区群众的用水安全，为抗震救灾的顺利推进做出了重要贡献。

同时也应看到，目前我军对污染事件的应急监测管理相对滞后，主要还是依靠地方环境监测部门的力量和网络，在面对诸如“非典”疫情、地震、洪涝、台风、海啸、禽流感等突发事件时的应急处置能力亟待加强。

第八章　军队环境宣传教育

环境宣传教育工作担负着引导动员、促进环境发展的重任，对环保事业的发展起着重要的推动作用。我军的环境保护靠宣传起家，今后还要靠环境宣传去发展。近 40 多年来，我军环境宣传教育工作者通过讲座、板报、知识竞赛、文艺晚会和各种丰富多彩的主题活动向全军广大官兵传播了环保知识、法律法规，提高了广大官兵自觉参与环境保护的意识，绿色创建工作成绩显著，环境保护的大众参与积极性空前高涨。军队环境宣传教育就是要通过环境保护基本国策和环境法制的宣传，弘扬环境文化，倡导生态文明，以生态平衡推进社会和谐，以环境文化丰富精神文明；通过对环保绿化公益活动的策划、宣传，及时报道党、国家和军队有关生态环境保护的政策措施和法律法规，宣传环保绿化工作的新形势、新进展、新经验，普及环境保护与生态建设基本知识，进一步强化官兵的国策意识、国法意识和国情意识，努力营造节约资源和保护环境的舆论氛围。

第一节　综　述

军队环境宣传教育工作是增强官兵保护环境、绿化祖国的国策意识的重要手段，是做好环保绿化工作的基础。通过加强对国家和军队有关环保绿化方针、政策、法规的宣传教育，可逐步提高官兵对环保绿化工作在国家可持续发展战略中重要地位的认识。同时，加强我国生态环境面临严峻形势的宣传教育，能切实增强官兵做好军队环保绿化工作的责任感和紧迫感，配合环保绿化科普知识的宣传教育，能极大地促进军队环保绿化工作的顺利开展。

我军的环境宣传教育工作起步较晚，但经过 40 多年的发展建设，环境宣传教育工作日益深入，具体措施有编发了《军队环境宣传教育纲要》和《军队环境保护知识读本》，在部分军队院校开设环境保护专业，结合各种环境节日举办大型宣传活动，广大官兵的环境意识有较大提高。

一、环境保护宣传教育的目的

环境保护宣传教育的目的是提高全体官兵保护环境的自觉性。环境问题的存在，主要起源于人们对自然资源和生态环境的不合理利用和破坏，而损害环境的行为又是与人们对环境缺乏准确认识密切相关的。因此，加强环境保护的宣传教育，逐步使人们树立人与自然和谐发展的意识，使人们的行为与环境和谐统一，是减少或者避免环境问题的根本途径。环境保护工作是一项全民的事业，涉及每一个人的切身利益，也需要每一个人的积极参与。群众的自觉参与，是做好环境保护工作的重要条件。因此，通过加强环境保护的宣传教育，使官兵了解、熟悉保护环境的重要性和环境污染破坏的危害性，牢固树立“保护环境，人人有责”的思想，在环境意识提高的基础上，产生保护、改善和建设环境的使命感和责任心，提高参与环境保护工作的主动性和积极性，在日常生活中，时时处处自觉地参与环境保护的各种活动。

二、环境宣传教育树立的环境意识

环境宣传教育是提高官兵环境保护意识的重要手段。环境意识是反映人与自然环境和谐与可持续发展的一种新的价值观念，是人与自然环境关系所反映的社会思想、理论、情感、意志等观念形态的总和。环境意识的产生是人类对人与环境关系认识的一次伟大觉醒。环境意识体现了人类价值观的完善与进步。

（一）可持续发展意识

可持续发展的环境意识认为要采取新的途径，在发展经济的同时实现环境保护，达到经济效益、环境效益和社会效益的统一。不仅仅是以人类的利益为目标，而是以人类与自然和谐发展为目标。不仅承认自然界对人类的外在价值，而且承认自然界自身的价值，即它对地球生命或生命维持系统具有的持续生存价值。人的活动不能超越生态系统的涵容能力，不能损害支持地球生命的自然系统。发展一旦破坏了人类赖以生存的物质基础，发展本身的意义也就不复存在了。

（二）人均意识

中国是一个发展中的大国，人口众多、经济落后是基本国情。中国环境资源种类繁多，总量丰富，属资源大国。但中国人均环境资源占有量相当低，不但低于发达国家和某些发展中国家，甚至低于世界平均水平，属资源“小”国。因此，在环境资源开发利用和经济社会发展方向上，要牢固地树立人均意识。

（三）全球意识

人类赖以生存的地球是一个自然、社会、经济、文化等多因素构成的复合系统，全人类是一个相互联系、相互依存的整体。世界各国人民在开发利用其本国自然资源的同时，要负有不使其自身活动危害其他地区人类和环境的义务。因此，不仅要关注小范围的环境污染，如一定地区和国家的城市、河流、湖泊、近海、农田的大气污染、水体污染、土壤和生物污染、噪声污染等，还要关注大范围的全球环境问题，如地球变暖、臭氧层破坏、酸雨、生物多样性消失和危险废物在全球范围内的转移等；不仅关注日常生活中“小我”和近期影响层次上的环境问题，而且要关注“大我”和远期影响层次上的问题。

（四）环境资源意识

环境资源意识强调环境资源属于国家财产，是有限的、有价值的，必须加以保护、珍惜和有偿使用。为此就要求提高资源的利用效率，在社会物质生产中通过资源的分层利用、循环利用使资源最大限度地转化为产品，减少排放；在社会生活中摒弃过度消费和奢侈浪费，追求简朴生活，通过“绿色消费”的生活达到节约资源和环境保护的目的。

（五）环境法制意识

每个公民、法人和组织都享有利用环境的权利，同时也必须履行保护环境的义务；严重污染和破坏环境的行为是违法的，应承担法律责任；公民对污染、破坏环境的违法行为有检举、控告的权利，遭受损失的有权要求赔偿损失。

（六）环境公德意识

环境道德作为人类可持续生活的道德，是一种新的世界道德。它认为不仅要对人类讲道德，而且要对生命和自然界讲道德。它把道德对象的范围从人与人的社会关系扩展到人类与自然的生态关系，从对自然界的价值和自然界权利的确认出发，制订和实施新的道德原则。地球不是人类的财产，而是一个有机共同体，是生命的单元。地球不属于我们人类，相反，我们人类属于地球。我们人类和其他生物都生活在一个家园中。

三、军队环境宣传教育的主要方式和内容

（一）环境保护教育应当纳入经常性管理教育的基本内容

将环境保护宣传教育制度化、经常化，是军队环境保护事业发展的客观要求，也是部队各级、各单位和广大官兵的强烈愿望。环境保护宣传教育可作为一项制度，列入新兵入伍、国情军情教育和经常性管理教育的内容，从而不断增强官兵的环境危机感和责任感，不断提高全体官兵保护环境的积极性和自觉性。

（二）利用多种形式和手段

主要是指要紧紧围绕环境保护宣传教育的目的，采取广大官兵喜闻乐见的形式，组织开展环境保护宣传教育活动。可以采用环境基础教育、专业教育、社会教育和专题教育相结合，科普宣传、警示教育、形象教育和自然教育相结合的方式，充分利用重大环境纪念日，开展群众性社会宣传活动，结合环保中心工作加强宣传力度，营造有利于环境保护的氛围，整理展示环境保护成果，增强官兵保护环境的信心，深入开展密切结合国情军情的环境警示教育，培养和树立广大官兵的生态危机意识和环境忧患意识，等等。通过强有力的宣传教育，使领导干部真正把保护环境要求落实到各项决策实践中去，使官兵把环保道德意识落实到日常的生活和工作实践中去，使单位把环境保护法律法规的规定落实到各项工作的各个环节中去，使环保工作者把各项环境政策充分落实到各项环境管理监督工作中去。

（三）环境保护宣传教育的主要内容

环境宣传教育的根本目的，是要培养人们保护和改善环境的道德感和责任感，形成正确的环境价值观与对待环境的态度。因此，环境宣传教育的主要内容，必须紧紧围绕保证环境宣传教育目的的实现，同时要体现环境保护的科学内涵和主要任务，大体上可分为 3 个方面：

1．知识教育

包括关于生态和环境的感性知识、关于生态和环境的基础理论知识、关于生态和环境及环境问题的系统知识以及关于人类社会与自然界相互作用方面的知识等。

2．操作技能

包括分析环境问题的技能、积极预测新的环境问题以及保护环境的技能、培养解决环境问题行动方案的技能以及运作和执行环境行动计划的技能等。

3．能力培养

包括对环境及环境问题的理性认识的能力，识别、分析、评价环境问题的能力以及确定有效解决环境问题方法的能力等。

第二节　军队环境宣传

环境要保护，宣传要先行。基于提高官兵环境意识重要性的认识，我军逐步形成了军队特色的环境宣传策略，即面向决策者的提高性宣传与面向公众的普及性宣传相结合，日常性宣传与大型主题宣传相结合，鼓励性宣传与警示性宣传相结合，知识性宣传与实践性宣传相结合，从而实现多层次、全方位、持续性的环境宣传效果。时至今日，军队环保工作的发展也证明了环境宣传工作在军队环境保护中起到了很好的催化剂作用。

一、环境宣传的对象

军队环境宣传的对象为广大官兵，不断提高广大官兵的环境意识是环境宣传的基本任务。在普及国家和军队的环境保护方针政策、法律法规、科普知识以及动员广大官兵参与环境建设方面，环境宣传具有十分重要的作用。由于对环境宣传在环境保护和可持续发展中的地位和作用的认识参差不齐，各地环境宣传工作的发展很不平衡，不同地区之间官兵的环境意识差异甚大。

二、环境宣传的目标

环境宣传的目标就是要在全军基本普及环境科学和环境法律知识，增强环境意识和法制观念，使各级决策者对环境与发展的综合决策能力有较大提高，最终实现全军官兵的环境意识和可持续发展观念相一致，建立全员参与环境保护的行动体系，为建设资源节约型、环境友好型军营和提高生态文明水平营造浓厚的舆论氛围和良好的社会环境。

三、环境宣传的内容

（一）向各级决策者进行环境宣传

军队维护国家安全是其第一目标，诸多国际环保公约对军队的约束也仅限于和平时期，是非强制性的。因此，只有使领导者明白国家的环境安全也是一个国家整体安全的一个方面，其重要性不亚于国家的国防安全；只有提高军队领导层的环境意识，使其在工作中想到环保，考虑到军事发展对环境的影响，并协调军事与环境的关系，才能实现在军事发展中体现环境保护的内容，做到军事与环境的和谐发展。为此，军队环保工作在环境宣传中，也必然地把各级领导作为宣传的首要对象，通过聘请知名环保专家举办环保知识讲座的形式，宣传新的环保理念、技术等，通过军区《环境监测通报》的形式向各级领导反馈所属地域环境现状、存在问题等，逐步取得各级领导对环保工作的关心和支持，形成“部队主官抓环保”的局面。

（二）围绕中心工作加强环保宣传

在现代社会里，发展是硬道理，单纯地讲环保，将使环保落入孤家寡人的境地，而且也是与可持续发展的思想相悖的，没有发展的环保是不可持续的环保。因此，军队环保宣传应围绕军队中心工作的相关内容进行，通过针对性宣传环保法规、技术，为军队中心工作提供符合国家环保法规、政策的技术性咨询、环保建议等，促进、加快军队中心工作和污染防治工作的进程，最终实现军事发展与环境的和谐统一。

如在海军舰艇出访时，舰艇在环保上将面临《国际 73/78 防止船舶造成污染公约》、到访国（港）的环保法规以及特殊海域（如禁排区）等限制，走出国门的海军舰艇环保做得如何，将直接影响中国军队在世人面前的荣誉。为此，海军环保部门应可事先收集、整理出访编队途经海域、国家的环保法规和特殊要求，邀请国家船舶防污监管专家介绍国际海洋环境保护的形势、介绍国际环保惯例做法，组织技术人员检查环保装备（文书）、发放环保宣传材料，协助编制、演练“舰艇油污染应急计划”等。通过这种针对性的宣传教育，不仅可提高出访编队官兵的环境意识，使出访编队的防污管理工作更加科学、合理、规范，为树立中国海军的环保形象奠定良好的基础，而且可使其带动所在军港、部队环保水平的提高。舰艇集中训练演习时，大量集训、参演舰艇的集结、行动，往往带来的是大大超出该军港防污保障能力和集训海域环境承载力的环保需求，如果不加强针对性的宣传，规范参演官兵的行为，往往会带来军港环境的污染；如果不针对演习海域的生态环境特点提出具体的保护性措施，就极可能给该海域的生态环境造成灾难性的影响。

（三）开展大型主题宣传活动

利用每年“3・12”植树节、“4・22”地球日、“6・5”世界环境日等重要环保纪念日，基层单位可利用黑板报、广播、闭路电视，宣传环保知识、污染防治和保护地球的重要意义，并组织有关人员上街向人民群众进行广泛宣传，并积极开展诸如知识竞赛、文艺晚会、知识讲座等大型宣传主题活动。这些活动具备声势大、信息强度大的特点，往往可以为官兵的训练、生活添彩，吸引官兵的注意力和参与欲望。明确的主题、明星的魅力、绚丽的色彩、丰富的知识、高强度的灌输，在短时间即可在官兵心中树立起“保护环境，人人有责”“减少污染，从我做起”等观念，强化其环保意识。

（四）坚持经常性宣传

“铁打的营盘，流水的兵”。军队的特点，决定了军队必须成为一个大学校，军队的环保宣传也必须面对一茬又一茬的新人。俗话说“江山易改，秉性难移”，人固有的习惯、意识也不是一朝一夕能改变的，环境意识的提高也不可能一蹴而就，指望通过一两次大型的主题活动就把人变成环保主义者是不现实的。实践证明，环境道德、环保风尚的形成只有通过广泛、长期、多样的环境保护宣传教育，采取诸如橱窗、板报、广播、录像、环境警示教育等方式，以潜移默化、润物细无声的宣传方式作为大型宣传活动的延续、补充，强化大型主题活动建立的环保观念，使官兵从图、文、声并茂的环境宣传教育中得到启发，受到自我环境教育，增强呵护环境的自觉性，使广大官兵逐步完成从提高思想认识到自觉地参与军队环境保护工作的转变。如某军区环保绿化办公室人员通过深入部队调查走访，发现环保绿化先进典型和先进经验，及时召开现场会进行推广，推动全区环保、绿化工作上新台阶，并将一年来环保绿化工作情况制成录像，在省、市和中央电视台进行播放，大力宣传环保绿化业绩，极大地提高了官兵的环境意识。

（五）宣传环境法规，发挥舆论监督

提高环境意识，不能仅靠宣传教育，也要靠法律法规，以实际案例教育官兵，充分发挥新闻舆论的监督作用，普及环境法律知识，提高法规观念和知法、守法的自觉性，同时及时报道和表彰保护环境的先进人和事，树立典型，发挥榜样的力量。如某军区根据环保、绿化任务，先后出版了法律、法规、标准选编，《拯救地球就是拯救未来》知识问答丛书，出版环保、绿化先进单位和先进个人经验汇编，“军区生态环境建设系列丛书”之一《生态工程建设“十五”规划与可行性研究汇编》、之二《生态环境建设政策法规选编》、之三《生态环境建设实用技术》、之四《军事区域水污染治理工程建设指导手册》等，指导环保、绿化工作，推动了环境宣传工作的深入发展。

舆论监督在环境保护过程中能发挥意想不到的效果，它能提高官兵对环境保护的热情和参与程度，让官兵、群众、家属变成环境监测的移动哨所、战斗堡垒，营造人人参与环保的良好氛围。如海军各级军港监督环境监测站，在成立之初就把监督执法工作放到重要位置，建立了港区巡查制度，在军港配备“军港监督艇”，公布举报投诉电话，实行“军港监督环境监测通报”制度，以各军港管理所等军港管理人员为主，吸收驻港单位人员参加，建立了军港群众性监督网络。对于比较严重的违章事件，发现一起，通报一起，通过正反两方面典型的通报，达到了“通报一个，教育一片，表扬一个，带动一片”的目的，逐步增强了舰艇部队广大指战员的遵纪守法意识，使港内违章排污现象从 20 世纪 80 年代初的时有发生，到今天基本杜绝了违章排污。

第三节　军队环境教育

法律可以控制人的行为，但不能控制人的思想。做好环境保护工作，不仅需要加强环境法制建设，通过强化管理来规范人们的环境行为，而且需要加强环境教育，以提高人们的环境意识，使环境保护成为人们的自觉行动。所以，环境教育是环境保护的一项重要内容，是解决环境保护动力源的一项“治本工程”。

我军的环境教育实行各级分管首长负责，环境管理机构和宣传部门协作配合的落实方式，实行经常教育与集中教育、普及教育与重点教育、理论教育与行为教育相结合的方法，教育的内容注意科学性、知识性、趣味性和实效性相结合。充分利用植树节、环境保护纪念日等时机进行针对性的教育和宣传。通过教育和宣传，增强官兵的环境意识，增长环境保护知识，自觉履行保护环境的义务，科学有效地做好军队环保工作任务。

军队环境教育工作要从新战士、新学员抓起，他们处于性格塑造的成长阶段，具有强烈的独立意识，对外界事物的感知力强，对自然环境的变化也较为敏感，积极的教育和正确的引导能在他们的从军生涯中树立起环境保护的全局意识，建立起对环境的合理行为方式，培养出一个个热爱军营、热爱生活、保护环境的忠诚卫士。

一、环境教育的概念、内容和形式

（一）环境教育的概念

广义的环境教育是指借助于教育手段使人们认识环境、了解环境问题，养成环境意识，并获得治理环境污染和防止新的环境问题产生的知识和技能，在人与环境的关系上树立正确的态度，以便通过社会成员的共同努力保护人类环境。狭义上讲，环境教育就是指环境教育者对受教育者实施环境知识、环境问题等方面的教育，促进受教育者环境意识、环境技能和环境心理、环境素质形成和发展的各种活动。

当代经济的发展是以资源的过度采用、滥用，环境的污染和破坏为代价，不断产生的环境问题，不但现实地影响着人们的各种生产生活活动，而且在人们的精神上、思想中导致不良的环境心理影响。因此，大力加强环境教育，有着十分重要的意义。作为环境保护的重要内容，环境教育具有广泛性、综合性、社会性和长期性的特点。开展环境教育既要遵循一般教育的规律，还要体现环境保护自身的特点和特有的规律。

人类必须有一种道德、义务和法律责任来保持和维护生态平衡而约束自己的行为，社会的决策也必须符合环境保护的需要。所以，具体到各种环境教育层次上，学校专业环境教育内容应倾向于环境知识、环境理论和环保技能的培养；成人教育或补充环境教育应着重于环境技能的培训；社会环境教育要实现对环境意识和环保工作意义的强化；家庭环境教育重在环境教育心理的启示。

（二）环境教育的内容

1．环境保护专业知识教育

环境保护专业知识教育是根据不同层次、不同领域的需求而进行的一种规范化、系统化、专业化的环境教育。其教育的实施主体主要是各类院校；教育的对象主要是不同层次的专业环保人员；教育的主要内容包括环境工程知识、环境管理知识、环境监测知识、环境法学知识、环境评价知识及其他专业性知识等。目前，国内已有150多所高校开设了不同内容的环境保护专业，我军某些高等院校也陆续开设了环境保护专业或课程。

2．环境保护科普知识教育

环境保护科普知识教育，是以普及环境保护基本常识为主要内容的一种环境教育。其教育的实施主体，是各级宣传机构和环保机构；教育的对象，是广大官兵、家属和职工；教育的主要内容，包括自然保护、野生动植物、环境污染、个人环境行为的基本常识教育等。

3．环境保护法律、法规教育

环境保护法律、法规教育，是以遵纪守法为主要内容，以单位、领导和官兵为主要对象的环境教育。其教育的实施主体，主要是环保行政执法部门。通过教育，提高单位和领导的环境保护意识，自觉停止污染环境和破坏生态的违法行为，积极依法履行环境保护的责任和义务。

（三）环境教育的主要形式

1．专业环境教育

专业环境教育，是以高等院校为主体培养专业环境保护人才的主要形式和途径。当前，军队环境保护专业人才还比较缺乏，应当进一步加强人才建设。

2．基础环境教育

基础环境教育是以学校为主体的广泛的非专业环境教育，主要是以各级各类干部为教育对象，以环境保护的科普知识为主要教育内容，具有一定的强制性、理论性和系统性。基础环境教育以各类课堂教学为主，根据所学专业的特点，开设多种环境保护的选修课或必修课。

3．公众环境教育

这是以环保部门、宣传部门和有关部门相互配合，以环境宣传为主要形式，以广大官兵、单位领导和各级首长等为对象的一种环境教育。主要是利用“3·12 义务植树日”“6·5 世界环境日”“世界人口日”等各种重大环境节日，以广播、电视、报刊、板报、宣传画廊、标语口号等形式和集会、演讲、知识竞赛以及植树、捡拾“白色垃圾”等集体活动，对公众开展的环境教育。

开展公众环境教育的目的，是提高官兵的环境意识，增强其参与环境保护的自觉性，加强对军队相关单位环保工作的监督。只有充分发挥环保部门的执法监督职能和宣传教育部门的作用，充分利用部队集中统一指挥和经常性教育的优势，通过灵活多样和群众喜闻乐见的形式，广泛开展公众环境教育，才能切实提高官兵的环境意识，打牢军队环境保护工作的群众基础。

4．岗位培训

我军环境保护专业队伍的知识结构比较单一，经过专门培训的专门人才匮乏，大多数是改行和兼职人员，所以在职培训任务非常繁重。只有充分发挥军队高校的作用，加大环保岗位培训的力度，才能提高整体素质，强化环境执法管理水平。环保部门可利用各种形式，举办各类培训班和学习讲座，开展环境标准、环境法律、法规和污染治理技术的培训，不断提高环保人员解决实际问题的能力。

二、发展我军环境教育的策略

（一）加强环境教育的信息透明度

现今已是一个信息化社会，环境教育首先要加强信息的透明度。要使广大官兵对自身所处环境的质量有知情权，能及时了解营区及周边的主要污染因子是什么，污染是由什么原因造成的，环保部门管了哪些事，管理的效果好不好，当自己发现污染问题时向哪个部门报告最有效，报告后能否得到及时的反馈，等等。只有让这些环境信息清清楚楚地摆在广大官兵眼前，让环境问题成为文字看得见，成为声音听得到，成为成果有改善，环境教育才会有生命力和影响力。

（二）加强环境基础知识的教育

环境教育搞了 40 多年，但广大官兵对环保的了解并不充分，不少官兵对环保认识不够多、不深入、不持久，有的认识较为极端，有的认识较为片面，有的认识较为盲目，对环保问题谈“污”色变，如重金属污染、电磁辐射污染等，如果不用正确、科学、通俗、易懂的知识去占领教育阵地，不去引导舆论，错误的思想就会横行，由此引发过度的环保行为、过激的环保行动、过分的环保措施，环保工作就会陷入被动境地。因此，为了让广大官兵理智、合理地对待环保问题，可通过加强环境基础知识的教育，有计划地、有组织地去普及环保知识、引导环保舆论。

（三）环境教育渠道多元化

目前，我军已建成了覆盖全国的军网内网，环境教育应充分利用这一优势资源，积极利用军网论坛开展教育活动，让军网论坛成为环境问题的吐槽集散中心，这样既符合军队保密的要求，又使得环境教育渠道多元化。

（四）加强理论教育与实践教育的结合

教育是为了在快乐中激发对周围环境的好奇心和责任感，培养其环境素养。环境理论教育的传播必须与广大官兵的技能培养相结合。如日常生活中使用后的包装材料做小手工艺品，用易拉罐做烟灰缸，用卫生纸卷芯做笔筒，利用湿地处理生活、养殖污水等，让环境教育的成果在实践中用得上、看得见、摸得着，使当前的环境教育从单纯的知识拼凑迈向兼顾素质培养阶段。

第九章　环境保护信息化管理

信息化是以现代通信、网络、数据库技术为基础，对所研究对象各要素汇总至数据库，供特定人群生活、工作、学习、辅助决策等和人类息息相关的各种行为相结合的一种技术。军队后勤信息化的实质就是运用信息技术和现代系统思维以及经济学、管理学的方法，对后勤保障各要素、各方面进行改造和重新整合。环境保护信息化建设是军队后勤信息化建设的重要内容之一。军队环境保护信息化管理的基础是环境保护管理的标准化、制度化和环保管理数据库建设，关键是要建立开放的、实时的、面向部队的数字化环保管理综合信息系统。目前，我军已经初步建设一系列信息管理系统，部分营区已经建设完成了数字化环境监测系统。

第一节　综　述

一、环境保护信息化管理的意义

（一）推进环境保护信息化管理是信息化后勤的内在要求

自 20 世纪 80 年代以来，以信息技术为核心的高新技术的迅猛发展，世界军事领域正在发生着一场深刻的变革，一种新的战争形态——信息化战争正在取代机械化战争登上历史的舞台。后勤信息化是建设信息化军队的必然选择，而环境保护信息化是后勤信息化建设内容之一。环境保护信息化是在环境保护工作中推动信息技术应用和依托信息技术推动环境信息资源的传播、整合和再创造的过程。

军队在平时训练等活动中不可避免地对环境产生了一定的污染和

破坏，其作为国家的一个特殊武装集团，主要任务是保卫国家，但在环境保护管理上军队与地方政府一样需提高对污染源的监管能力。近年来随着我军装备建设快速发展、训练方式的改变以及社会对环境保护要求的提高，环境保护工作的压力和工作量也随之迅速增加。

军队的环境管理工作若仍采用传统管理方式，工作繁杂、条件艰苦，且数据不易统计和查询，也不便于保存和共享，并且在获取环境信息的及时性、全面性，在决策支持手段现代化等方面都远不能满足需求。环境保护信息化管理是必然的选择，其可以提高环境信息资源的开发与利用水平，为环境管理与决策提供信息支持服务，并提升环境管理机构的信息化能力，提升环境信息资源的开发利用水平。军队环境保护信息化管理，是实行“后勤信息化”“可持续性发展战略”的重要组成部分。

（二）推进环境保护信息化管理是全球信息化发展的客观要求

当前，信息化正在全球范围内向更深层次和更广范围内深入推进。信息技术和信息资源作为生产要素进入再生产的全过程，给生产方式、生活方式和作战方式发展带来前所未有的深刻变革，推动军队由信息化向全球化转变。信息化水平愈来愈成为衡量一个国家综合实力、国际竞争力和军事实力的关键因素。发达国家纷纷将信息化作为一项重要战略深入推进，并取得显著成效。美国实现从“轮子上的国家”到“网络上的国家”的重大转变，欧盟完成从“工业社会”到“信息社会”的整体转型，日本实施从“工业化赶超”到“信息化赶超”的战略转换。

中央军委一直非常重视信息化工作，把军队信息化提升到军队战略的高度，环境保护信息化是后勤信息化建设的重要组成部分，必须按照中央军委的决策部署，主动顺应信息化发展的潮流，采取有力措施，深入加以推进，为充分发挥环境保护在生态文明建设中的主阵地作用、推动科学发展提供强有力的基础支撑。

二、环境保护信息化管理主要作用

环境信息化管理有十分重要的作用，可以提高工作效率，影响到环境管理部门的决策、规划的实施等。

（一）有利于部队环境保护管理手段改进和效率提高

环境信息数据的种类繁多、数量巨大，既有环境质量数据，又有污染源排放数据；既有在线监测的数据，又有离线监测的历史数据，这些数据仅凭原有的人工模式难以为继。只有通过深入推进环境信息化建设，实现环境信息采集、传输和管理的数字化、智能化、网络化，才能从大量繁殖的信息中发现趋势、把握重点、找到问题，使环境管理决策体现时代性、把握规律性、富于创造性，提高环境管理的手段和能力，提高环境管理的效率和水平，推动各类环境问题的有效解决。

（二）有利于部队环境保护管理预测和决策定位

军队制定环境保护总体战略、发展方向和目标，都必须以各方面的相关信息为依据。环境保护信息化管理可以全面进行环保数据的采集、传输、处理、分析、管理和应用，这些过程和数据可以帮助环保管理部门及时了解环境污染和环境质量的状况，客观准确地掌握环境变化情况。其提供的翔实、准确和前瞻的信息是进行预测与决策的基础和前提。

（三）有利于拟定与组织实施军队环境保护管理的总体规划

规划是达到一定既定目标的行动方案，它的制订需要以大量信息为依据。在军队环境保护计划的制订和实施过程中，必须掌握国内外有关科技信息，并注重发挥其作用。环境保护信息化系统可以向环保部门提供更多、更好的环境信息服务，为环境决策部门提供优化方案和决策信息，帮助环境监管部门掌握环境质量的变化趋势，并做出科学预测，特别是对于突发的重大污染事故进行预防和应急处理，对重大环境问题进行科学决策，全面提高环境管理的能力和水平。所以，环境保护管理的信息化无疑对军事环保总体规划的拟制具有重要作用。

（四）有利于军队环境保护程序的调节与控制

军事环境保护的每一项活动都具有明确的目的。军队科研立项或军事活动计划的确定，都要经过反复评价和论证，而这些过程都必须处于严格的管理之中。为使管理系统的运行更加规范，就需要充分利用相关信息，对管理过程进行科学的调节和控制。根据调节和控制系统的信息反馈，用获取的实际结果与目标标准对照，验证补缺，以实现既定目标。

（五）有利于军队环境保护部门最大程度的资源共享

设立统一、配套的环境质量、污染源排放等数据统计、分析系统，从而实现跨部门之间的地域、流域监测数据共享，推进区域、流域污染变化分析的准确性；设立专家数据库系统，从而实现环保系统专家型人才和专业型人才的才能得到充分发挥，发挥网络的实时性、对应性、共享性特点。

第二节 主要成果

军队环境保护信息化管理需要建立全方面、多层次、多途径的信息“高速公路”。要充分利用网络及国内外、军内外相关信息系统、网站的资源，同时建立有关军队特色的信息数据库。经过多年的发展，我军环境保护信息系统建设已经取得初步成效，目前已经建设完成了环境统计、污染源管理等为主要信息的管理信息系统数据库，部分营区已经建设完成了数字化环境监测系统。

一、环境保护信息化管理系统的主要功能

环境信息系统是基于计算机、通信网络等现代化手段建立的，能够提供各种信息服务的人机交互系统，它也是各种环境管理信息系统、环境监测信息系统、环境资源信息系统、环境办公自动化系统等的统称。从功能上来讲，环境信息系统可以被认为是一个兼有获取、传输、存储、管理、处理、分析、表达和利用环境信息功能的计算机系统。环境信息系统具有以下主要功能：

（一）环境数据采集功能

环境数据信息采集是环境信息系统的首要功能，也是环境信息系统其他功能的实现基础。它将污染源分布、排污情况量、各环境因子环境质量和环境管理各环节等环境信息源收集起来，并转化为环境信息系统的内部数据形式。

（二）环境信息传输功能

环境信息传输将环境信息从一端（如污染源在线监测点）经信道传送到另一端（如环境监测站等），并被对方所接收的过程。由于环境信息本身并不能被传送或接收，必须有环境信息系统作为载体，提供环境信息传送和接受的功能，同时还需传输介质，包括电缆、无线电、微波以及卫星等方式。

（三）环境信息处理功能

环境信息处理是对进入环境信息系统的各种环境数据进行加工处理，如环境监测数据进行统计、分析、预测、评价等。环境信息数据需要在各种计算机模型和算法的支撑下，完成环境信息的审核与整理、分类与汇总、分析与统计、模拟与预测、综合与评价、制图与表达等各种环境信息处理任务。

（四）环境信息存储功能

环境信息存储是利用先进的信息储存技术，对经过加工处理而形成的各种对环境管理有用的环境信息和环境数据产品进行存放，一方面按环境信息的内在联系和使用需要，把环境信息组织成合理的逻辑结构；另一方面将环境信息存储在适当的介质上。

（五）环境信息管理功能

环境信息管理是控制环境信息流向、实现环境信息的效用与价值的管理手段，其主要内容是：规定应采集环境数据的种类、名称、内容等；规定应存储数据介质、逻辑组织方式；规定数据的传输方式、保存时间等；规定环境信息的操作规程、处理流程等。环境信息系统所要处理和存储的数据十分庞大，因此必须对环境信息进行有效的管理才能保障环境信息系统功能的实现。

（六）环境信息检索功能

环境信息检索是利用先进的数据库技术，将环境信息按环境管理应用需求组织起来，并根据环境管理需要提供有关的环境信息。要让环境管理用户对存储于各种介质的庞大环境数据进行方便的检索和查询，能够针对所检索的环境信息快速、准确地匹配出用户所需要的环境信息。

（七）环境信息分析功能

环境信息分析是在环境信息系统内各种计算、评估、模拟等计算机模型支撑下，面向环境管理需要对环境信息进行的各种分析。在环境信息分析的基础上，形成各种环境信息系统产品，如营区环境质量报告、军工企业排污统计报告等。

二、主要的环境管理信息系统

（一）环境统计管理信息化系统

目前，我军已经建设完成了军队林木资源普查计算机信息系统、全军污染源普查及管理信息系统（1993）、全军污染源普查与污染源管理信息系统（2007）。

军队林木资源普查计算机信息系统是 1994 年由环科局与后勤工程学院共同开发的统计全军林木资源的信息系统。

全军污染源普查及管理信息系统是 1993 年由环科局与后勤工程学院共同研发的，该系统是我军开发较早的环境信息处理系统。

全军污染源普查与污染源管理信息系统是在 2007 年按照全国第一次污染物普查的要求，由全军工程与环境质量监督总站和总后建工所开发。

（二）污染源管理信息化系统

目前，我军已经建设完成了军队企业污染源调查计算机信息系统、全军放射源详查及管理信息系统等数据库。

军队企业污染源调查计算机信息系统是在 2000 年由全军环境监测总站和后勤工程学院开发的信息管理系统。

全军放射源详查及管理信息系统等数据库是在 2013 年由全军工程与环境质量监督总站和总后建工所开发。

（三）数字化营区环境监测系统

数字营区环境监测系统是指综合运用信息技术，实现营区环境信息智能监测。该系统可以实时监视和检测营区内代表性环境质量的各种参数，主要包括水质、环境空气、环境噪声等在线监测以及环境异常报警。

1．环境空气监测

通过在营区内安装相应的气体传感器，实现对营区内空气中主要成分及有毒有害气体（如氧气、氮氧化物、二氧化硫、一氧化碳、二氧化碳、硫化氢等）浓度的实施监测。

空气质量监测系统主要由检测仪器、数字营区测控分机和上位机信息系统三部分组成。系统由检测终端通过传感器实时将现场的一氧化碳、二氧化硫等监测因子数据采集到终端内，此监测数据经过数据处理后传送至测控分机 PLC，经过测控分机过滤、存储等，向数据处理单元，即上位机和上位软件进行数据传输。上位机管理信息系统对数据进行统计分析并提供实时数据查询以及曲线显示、报表打印输出等信息管理工作，并可进行自动报警，防止事故的发生。

2．水质监测

监视和测定水体中污染物的种类、各污染物的浓度及变化趋势、分析、评价营区水质状况。主要监测项是反映水质状况的综合指标和有毒物质（如：COD、氨氮、总氮、总磷等）。

水质在线监测系统一般包括取样单元、分析测试单元（检测仪器）、数字营区测控分机等，组成一个从取样、预处理、分析到数据处理及传输的完整系统，从而实现对营区水质的在线自动监测。

取样单元的设计主要针对满足水样的代表性、可靠性和连续性来设计的，主要组成部分有取水头、取水泵、水样输送管道等几个部分。水样预处理的设计主要是为了既要消除干扰仪表分析和影响仪表使用的因素，又不能失去水样的代表性。分析测试单元主要是指水质在线分析仪器，负责完成水样的监测分析工作，数据采集控制主要由测控分机以及上位机等组成，其功能主要是控制整个在线监测系统的自动运行。水源在经过取样、预处理后，由水质在线分析仪器对取样样本进行分析和对比，监测其质量状况并传送给测控分机；测控分机 PLC 再对设备采集的数据进行存储、转化、筛选等处理后通过局域网或工业以太网传输给上位工控机和管理信息系统，实时展示营区水质状况，并在水质不符合相关标准时自动预警、报警。

3．环境噪声

环境噪声自动监测系统由噪声监测终端（包括前端噪声采样单元和数据处理单元）、数字营区测控分机以及上位机信息管理系统组成。通过安装在各个监测现场的噪声监测设备，对监测区域内的噪声值进行量化统计和分析，并将噪声值数据上传到上位机管理系统。

具体实现过程是：在噪声监测终端中，户外传声器单元将声信号转换成模拟信号，经数据处理单元信号幅度调整后交给处理单元的数字分析模块，由数字分析模块将模拟信号转换成数字信号（分贝数），然后由测控分机 PLC 对数据进行采集、分析，并传输给上位机系统进行数据统计、汇总和展示，实现营区环境噪声的远程、实时监测和报警。

（四）其他管理信息化系统

1．军队环境保护管理规划信息库

军队环境保护管理规划信息库具有前瞻性、导向性和战略性。主要收集四总部、各军区、各军兵种的环保规划、方针政策、环境保护管理动向、科研管理、经验教训等信息。

2．建立军队环境保护管理成果信息库

主要收集国内外、军内外环境保护方面的研究成果，或与其相关学科方面的成果。如成果的评价与鉴定、成果的应用价值、成果的应用条件等类型的信息，为军事科研成果的应用和推广提供依据。

3．建立军队环境保护仪器设备、物品信息库

主要收集新产品、新材料、仪器设备、特种器材等类型的信息。包括军事性能、特征、用途、产地等具体信息和内容。

4．建立和实施报告制度

及时收集、汇总和分析部队单位环境保护的基本情况和发展变化的趋势。目前，军队环境保护的主要报告制度有：环境保护项目完成情况报告制度，由项目实施单位按照规定如实报告所属单位的环境管理机构，并层层汇集报告到全军环办；环境污染和事故报告制度，由污染源所在单位和事故发生单位按照规定及时报告所属单位的环境管理机构，并迅速及时地汇集到全军环境监测总站和全军环办；环境监测监督报告制度，由各级环境监测机构按照规定，将对军队单位的环境质量和污染源排污以及环境监督情况和数据，用全军规定的统一格式，及时、准确地报告给上级环境监测机构和同级环境管理机构；简报、通报制度，由环境管理或技术监督机构及时向上级反映或对下级通报部队环境保护的动态或重要事件等。

5．环境保护咨询和投诉热线电话

设立环境保护咨询和投诉热线电话，为官兵直接咨询和监督有关军队环境保护问题提供便捷快速的通道。目前，已在全军环境监测总站开通了军队环境咨询投诉热线电话，各大单位的环境监测机构也将陆续开通本单位的热线电话，为所属单位的官兵服务。

6．军队和地方环境保护人才信息库

主要收集国内外、军内外在环境保护不同领域具有特长和重要成果、能力的人才相关信息。包括姓名、单位、专长、主要学术和科研成果等。为军队进行环境保护研究交流、决策咨询等活动时提供人才资源信息。

7．军队污染物排放信息库

主要收集四总部、各军区、各军兵种及下属单位的各类污染物排放数据，为军队减排提供数据支持。

第十章　军事环保交流及军民融合发展

军事环保交流是军队环境管理的重要内容之一。为进一步加强军队环境保护与生态建设，我军正积极开展军内、外军事环保交流，拓宽军事环保交流渠道，加强军事环保领域的国内、国际交流与合作，加大对外宣传、考察、培训工作力度，拓宽视野，更新理念，积极吸收引进军内外资金、技术与管理经验，不断提高军队环境保护与生态建设的技术、装备和管理水平。

军事环保交流也是军民融合发展的重要途径。作为国家环境保护体系的重要组成部分，军队积极加强与地方的融合发展，借鉴地方的先进环保科研成果和环境管理经验，依托国家或地方的环境发展远景规划，结合部队实际开展军队环境保护工作，极大地推动了军队环境保护工作的发展。同时，通过军民融合式发展，将军队的环境保护经验和先进成果交流传递给地方，也有助于地方环保事业的发展，乃至推动国家环境保护政策的顺利实施。

第一节　军事环保交流

一、国内环保交流

作为国家环境保护体系的重要组成部分，军队积极加强与地方的双边环保交流活动，每年组织观摩地方有关单位环保、绿化先进事迹，学习地方的先进经验，经常参加国家和地方有关部门举办的环保、绿化法律法规、制度及相关知识培训班、座谈会，造就和培训了一大批军队环保绿化人才，推动了环保绿化工作的建设。

军队组织全军环保工作者积极参与国家环境影响评价工程师的培训及考试，邀请国家和地方的知名专家学者为军队环保工作者培训新的国家环保法律法规，极大地提升了军队环保工作者的业务素质。如今很多军队的环保工作者都考取了国家环境影响评价工程师资格，在军队环境影响评价机构的范围内积极参与地方环保工作，特别是地方环境影响评价工作。军队院校与地方高校及科研机构的交流非常密切，经常合作申报科研项目，互派环保专家进行专题讲座，等等。如清华大学、四川大学、重庆大学等地方高校与军队环保机构、院校的交流就非常密切。

军队积极响应党和政府“保护环境，绿化祖国”的号召，参加和支援国家和地方组织的环境保护和生态工程建设。这也是军队环境保护工作的重要内容之一。发扬解放军特别能战斗、特别能吃苦的团体突击优势，承担最艰巨的环境治理和生态环境工程建设，是军队支援国家生态环境建设的重要形式。近年来，军队参加了三河、三湖、两控区和北京市、环渤海湾的污染治理以及三北防护林、长江、黄河中上游绿化工程、太行山绿化工程、防治荒漠化工程、沿海防护林工程、三峡库区生态环境建设工程等几乎所有国家重点环境保护工程建设。全军每年要出动数百万人次，数万台车辆机械，参加政府义务植树多达 2 万 hm^2，飞机造林种草多达 20 万 hm^2。

二、国际环保交流

环境保护是关系全人类生存发展的重大问题，受到了各国政府和军队的高度关注。军事环境保护作为对外军事交流与合作的一项重要内容，中国军队一贯保持积极、务实的态度，本着平等参与、多形式、多渠道的原则，互通有无、取长补短，共同做好这一人类共同关注的事业。我军从 20 世纪末开始，积极适应国家和军队对外交流的总体要求，本着“以我为主、为我服务”的指导原则，广泛开展了以美军为主要对象的国际军事环保交流与合作，开辟了我军军事环保对外机制性交流的“绿色通道”。

（一）中美军事环保交流工作回顾

中美军事环保交流大致经历了 3 个时期：

1．中美军事环保交流的开创期（1997—2000 年）

1997 年 11 月，在“中国环境论坛国际研讨会”上，总后勤部领导应美方要求，会见了美国国防部副部长首席助理帮办韦斯特，讨论了双方在环保领域开展合作的可能性。随后，美方向我军提交了开展合作的协议草案。

1998 年 4 月，总后勤部领导访美期间，美国国防部长科恩正式提交了《美中国防部关于环保技术信息交流的协议草案》。

1998 年 5 月，我军环保代表团首次出席了在澳大利亚举行的由美国、加拿大、澳大利亚三国国防部共同主持的亚太地区环境安全专题讨论会，与多国军队代表进行了接触。

1998 年 9 月，中央军委领导访美期间与美国国防部长科恩签署了《中美国防部关于环境保护问题进行信息交流的联合声明》（以下简称“联合声明”）。

2000 年 7 月，中央军委领导与美国国防部长科恩，在北京签署了《中美国防部环保研发信息交流协议》（以下简称“交流协议”），标志着中美军事环保交流工作正式启动。

2．中美军事环保交流的发展期（2000—2004 年）

通过形式多样的互访与交流，促进了“联合声明”和“交流协议”的有效落实，推动了中美军事环保交流的稳步发展。

2001 年 2 月，我军环保高级代表团一行 7 人首次访问了美军，考察了美军环保机构、法规、环境管理和污染防治等方面的情况，参观了美陆军训练中心、空军环境中心、防空炮兵训练中心、戴维斯-蒙森空军基地、太平洋总部陆军第 25 师及海军水面舰艇大队等 9 个单位。

2003 年 1 月，美国副国防部长助理帮办柯蒂斯·勃林率环保代表团首次回访了我军，我方介绍了我军环保工作的基本情况，安排参观了一系列环保项目。

2003 年 8 月，我军环保代表团赴南非出席了美国国防部和南非国防部联合举办的“军事环境管理会议”，并赴美首次出席了美军污染防治年会，主要研讨环境安全理论和技术问题。

2004 年 6 月，我军外事部门邀请包括美军在内的 45 个国家的 63 名驻华武官，赴石家庄机械化步兵学院参观营区生态环境建设，并借此全面介绍了我军的环境保护概况。

3．中美军事环保交流的深化期（2004 年至今）

随着中美两军环保交流的持续开展，交流的范围更加宽广，项目更加具体，效果更加明显。

2004 年 8 月，美军环保官员率团到后勤工程学院与有关专家就污染预防等 7 个专题开展研讨，并参观了该院环保机构和设施，标志着两军环保交流由以人员互访的单一形式向以项目为纽带开展人员、学术、成果等多种交流形式并存的方向发展。

2004 年 10 月，我军在北京主办了国际军事环保研讨会，来自 55 个国家的 200 多名军队代表出席了会议。美军为此次会议的顺利举行做了很多协调和宣传工作，表明了美军与我开展深层次交流与合作的积极态度。期间，总后首长专门与美军代表团举行了工作会谈。

2003 年以来，我军连续五年派团参加了美军污染防治年会，从中获得了大量的美军军事环保管理、法规和技术等情报信息资料。

2005 年 9 月，我军环保高级代表团再次访美，重点考察了美军环保发展战略和新型环保技术项目，参观了洛杉矶空军航天及导弹系统中心等 7 个单位和 22 个环保项目。

2006 年 4 月，美军环保官员范•豪廷作为先遣人员专程赴京，与我军有关部门就美军环保代表团第二次回访的项目安排进行磋商。10 月，美军代表团访问并参观了装甲兵工程学院等 5 个单位的相关项目，双方就军队环保工作进行了深入的交流与探讨。

2007 年 3 月，美军环保专家代表团赴后勤工程学院，专题研讨交流该院新校区环境影响评价、生态营区建设和建筑节能等问题。

2007 年 8 月，后勤工程学院军事环保专家代表团赴美国夏威夷，考察了美国的能源和环境设计先导（LEED）推广情况，并就 LEED 建设程序、标准及该院新校区建设等问题展开研讨。

（二）中美军事环保交流绩效评估

1．支持了我军对美军事交往与交流

中美两军环保交流的平稳发展，一方面反映了中美两国政府和军队对军事环境保护的高度关注，另一方面也说明军事环保领域的交流与合作，已经成为国家和军事总体外交的重要内容。保护和改善生态环境作为各国政府和军队共同关注的热点问题，具有容易沟通、便于交流的特点，特别是在我军与美军总体交往出现不利因素时，这项交往具有其他领域交往不可替代的作用。十多年来，通过中美军事环保交流与合作，初步建立起了我军与美军机制性交往的稳定通道，加强了与美国军方人士的沟通，化解了部分人士对我们国家和军队的误解与敌意，赢得了美军方人士的赞扬和尊重，增进了两军相互了解，促进了我对美军事交流政策的落实。

对美军事环保交流活动，为我军扩大和深化对外军事环保交流提供了一定的条件，也为更大范围地展示和反映我军环境保护工作成绩，让世界充分认识和了解中国军队搭建了平台。特别是 2004 年我军国际军事环保研讨论坛的成功举办，让全世界认识到中国军队对环境保护工作的高度重视，充分显示出中国军队在国际军事环保交流和全球生态环境保护工作的重要地位和作用。同时，也增加了我军对世界军事环保现状与未来发展的了解，为用国际视野认识分析我军环保工作、进一步明确努力方向、坚定工作信心奠定了基础。

2．展示了我军文明之师的国际形象

环境问题是国际社会关注的热点问题。我军环保工作经过 20 多年的实践，积累了不少经验，取得了很大的成绩。通过军事环保对外交流，特别是中美军事环保交流，向世界展示了中国军队在环保理念、生态环境保护、实现可持续发展方面的态度和获得的成果，赢得了外军的积极反响，扩大了我军的影响。

在与美军的交流交往中，先后多次全面、系统、客观地介绍了我军环境保护的基本情况、政策法规、工作成就以及面临的挑战，安排参观了许多环境保护和生态建设方面的先进典型。这些典型基本代表了我军 30 多年来环境保护的成果，有些单位、有些方面甚至超过了美军的环境保护水平。我军的军事环保教育训练水平和方式，如设专门的军事环保教育学历培训院校，培养各层次的军事环保专业技术和管理人才，在后勤工程学院设立全军环保教育与研究中心，专司军事环保教育、研究、训练之责，都让美方感到十分钦羡。作为发展中国家的军队，我军能在环境保护方面取得这样的成绩，在世界上是不多见的，美军对此印象深刻。美国国防部范・豪廷多次表示，中国人民解放军军事环保的业绩和作为已为世界各国军队所熟知，后勤工程学院军事环境保护在中国军队的地位和作用为世界各国军队同行所熟知。随着我军环境保护和生态建设事业的快速发展，继续深化和加强这项交流，对进一步展示我国负责任的大国形象和我军文明之师形象将发挥更加重要的作用。

3．推动了我军环保事业的快速发展

通过对美军事环保交流，我们对美军的环保理论与实践有了比较深入的了解。总体上看，美军环境保护的发展历史比较长、政策法规比较完善、经费投入比较大，具有一定的先进性和较高的学习借鉴价值。

一是促进了我军环保政策法规体系的完善。美军十分重视环保法规条令的制定和遵守，把完备的环境保护法规制度、标准体系作为国防部环境保护的核心。各种相关的法规相当完善，各项法规内容具体而详细，涉及环保的方方面面，并根据国家和军队的发展需要适时修改与更新。正是完备的军事环保法规体系，保证了美军军事环保的“有法可依、有法必依、执法必严、违法必究”。在借鉴美军环保法规体系的基础上，根据我军环境保护的新形势，军队出台了一系列相关法律法规，主要有新修订颁发的《中国人民解放军环境保护条例》《中国人民解放军绿化条例》《中国人民解放军环境影响评价条例》等，初步实现了军事环境保护的法制化、规范化，使我军的军事环境保护有法可依，有章可循。

二是促进了我军环保教育体系的完善。美军将良好的环境教育培训视为环境保护的基础性工作，并以法规的形式规定了国防部各类人员必须接受环境方面的教育和培训，以适应岗位职责需要。通过认知教育、专业教育、任职教育、继续教育和学历教育等形式培养全体人员的环保意识和行为，最终实现军事环境和国家环境的可持续发展。我军在与美军交流的过程中，充分借鉴了其运用多层次、多手段的环保教育形式这一做法，并根据部队对军事环保人才的需求，完善了以专业教育、素质教育和普及教育为主体的军事环保教育培训体系；采取了散发宣传资料、声画媒体，应用互联网手段，召开会议，设立纪念日等多种形式开展军事环保教育，丰富和完善了军事环保教育的形式与内容。

三是促进了军事环保理论与技术研究。美军的环保科研以部队需求为驱动，以满足三军防卫任务要求为目标，让有限的经费发挥最大的经济效益，优先资助部队迫切需要的环境技术研发。当前美军的军事环保科研主要集中于环境清理与修复，污染防治，自然文化资源保护，爆炸物管理，可持续发展基地建设及绿色采购、绿色消费等方面。在借鉴吸收美军先进实用的环保理论和技术的基础上，根据我军面临的主要环境问题和环保经费紧张的实际情况，我军在生态营区建设、军事训练场的生物修复、军事特种污染防治、绿色采购、绿色建筑和清洁能源利用等方面开展了全面深入的研究，并取得了丰硕的成果。

四是促进了我军生态营区建设理论体系的完善。美军建立了一套完备的可持续发展基地建设理论，包括全寿命周期理论、绿色采购理论、绿色建筑理论、自然基础设施理论、污染预防理论。在两军营区生态建设比较研究成果的基础上，我军根据军队的发展需要相应地完善了生态营区建设理论，明确了生态营区的内涵及具体的建设内容，制定了生态营区建设系列指南，确定了生态营区的评价指标体系，并于 2006 年正式颁发了我军《关于开展创建生态营区活动的通知》，这标志着我军的营区建设跨入了构建资源节约、环境友好、人与自然和谐相处的可持续发展阶段。

总体来看，对美军事环保交流在提升我军环境保护干部队伍素质上起到了一定的促进作用。通过对美军事环保交流活动，我军环保管理与技术干部对美军环境保护的政策法规、理论技术，以及先进的做法和经验加深了了解，特别是通过现场考察与面对面的交流，对外军环境保护的政策措施、技术手段、相关标准有了比较深入的感性认识，更加开阔了视野、丰富了知识、看到了差距，进一步增强了工作责任感和紧迫感。

作为对外军事交往与合作的一项重要内容，军事环保交流意义重大，前景光明。我军将会本着积极、务实的态度和平等参与、互通有无、取长补短、增进互信以及多形式、多渠道的原则，进一步开展与外军的双边和多边环保交流与合作，拓宽环保交流领域，提升交流深度，进一步加深了解，促进我军与外军的军事交流与合作。

第二节　环境保护的军民融合发展

一、环境保护的军民融合

军地融合、联防联治是军队污染防治工作的必由之路，是军队环境保护的科学发展之路。只有改变过去军队自我封闭、自我保障方式，实施社会化保障新模式，在积极争取国家政策、经费、法规和技术支持的同时，主动把全军部队环保计划纳入国家和当地政府、部门规划，才能构建军地双方协调建设的良性互动局面，实现军地环境建设统一规划，军地污染治理项目同期安排、同步治理、同时达标并相互衔接，实现资源共享，避免重复建设，提高综合效益。人民军队的环境保护工作经历了从融入到融合再到立体融合的发展历程，走出了一条具有中国军队特色的环境保护新路，实现了军队环境保护跨越式发展，使军队环保工作走在了全社会前列。

军队的环保建设经过几十年的发展，在军队环境保护经费投入不足、军事区域环境质量水平亟待提高、环境保护与生态建设监管能力水平难以适应现实需要的特定条件下，党中央、中央军委对部队环保工作提出了新的要求。这就是要紧紧抓住党和国家以及全社会高度重视生态环境建设的历史机遇，多方协调、努力争取，充分利用地方的资源和技术优势，走出一条军地融合、资源共享、优势互补、同步规划、协调推进的融入式发展道路。2011年环境保护部和总后勤部联合下发《关于进一步推进环境保护军民融合式发展的若干意见》，全军环保绿化委员会按照国家统一规划，协调国家有关部门从政策、技术、规划等方面，大力支持军队环渤海污染治理、“三荒”造林、生态效益补偿和水利普查等专项工作，为拓展生态环境建设领域的军民融合式发展提供了有力支撑。

（一）军民融合发展的内涵

军民融合发展是一个内涵十分丰富、涉及领域十分广泛的理论与实践体系。军民融合发展思想的核心内容可以概括为生态军事环境保护与生态文明建设整体规划、同步治理、资源共享、联防联治。生态环境建设的军民融合发展的第一阶段是融入，要将同军队有关的生态环境项目参与到地方的环境发展中。第二阶段是融合，就是要做到“你中有我，我中有你”，军队和地方资源共享，联防联治，也是目前军队污染防治工作的必由之路，是军队环境保护的科学发展之路。第三阶段是立体融合，这是军民融合的更高发展阶段，主要体现在6个“一体”，即军队环境保护与国家环境保护规划一体决策、项目一体计划、资源一体配置、信息一体共享、行动一体实施、效果一体监管，总部机关的环保监测部门同国家机关融合，部队环保绿化单位同地方融合、营区与周边融合、生态环境建设与综合配套治理项目融合。

（二）军民融合发展的原则、目标和要求

环境保护军民融合式发展，必须深入贯彻落实科学发展观，按照建设资源节约型和环境友好型社会、探索中国环境保护新道路的部署要求。以国家环境保护和军队现代化建设的总体要求为依据，以国家有关环境保护的政策法规为准则，遵循统一规划、资源共享、联防联治、同步达标的原则，积极争取各级人民政府的大力支持。通过政策法规、组织机制、项目规划和整治行动的融合，不断完善融合机制，丰富融合形式，拓展融合范围，提高融合层次，实现政策规划一体化、投资渠道多元化、保障方式社会化、管理机制法制化，努力推动环境保护军地良性互动、协调发展。

军民融合发展向深度和广度方向迈进的四个方面：

一是必须转变思想观念。切实树立大环保意识，打破军队自我封闭模式，将各级领导和决策部门的思想从军队与国家之间非此即彼、泾渭分明的思维定式中转变过来，学习借鉴发达国家的新理念、新经验、新成果、新方式，高起点筹划、高标准切入、高效益运行，为实现军队环境保护与生态建设融合发展奠定坚实的思想基础和良好的舆论氛围。

二是必须完善政策法规。搞好政策法规的顶层设计，将军队环境保护与生态建设融合发展模式融入国家、军队的政策法规之中，以政策促融合，以法规保融合，逐步改变目前需要靠反复协调、多层攻关，才能争取到随机纳入、短期保障的状况，为建立稳定、可靠的军队环境保护与生态建设融合发展的长效机制提供发展保障。

三是必须创新机制。依靠改革创新，逐步形成国家主导、军队实施、地方支持、社会参与、官兵拥护的军队环境建设融合发展的管理体制，国家和军队相互协调的决策机制。通过试点、总结、宣传、推广的模式探索全面实现环境保护的军民融合发展机制，真正实现政策法规融合、组织机制融合、项目规划融合和整治行动融合。

四是必须加大监管力度，强化军地环保部门的统一监管职能，加强环保绿化机制建设，改进管理手段，提高依法监管能力，确保军队环境保护融合发展的军事与环境效益。

（三）深化环境保护军民融合机制

1．纳入统一发展规划

军队环保部门应争取在各级人民政府环境保护部门制订环境保护专项规划时，将军队环境保护与建设需要考虑其中。军队有关部门制订有关建设发展规划、计划，必须将军事区域环境保护作为重要内容，实行统一规划、同步实施、整体推进。

2．建立综合协调机制

国家和军队环境保护部门要健全环境保护军民融合式发展综合协调制度，对环境保护军民融合式发展工作实行统一领导、综合决策，研究制定融合发展的政策措施，明确融合发展的目标任务、重点项目和措施要求。军区级单位、省军区（卫戍区、警备区）环境保护部门，要与驻地省级人民政府环境保护部门建立环境保护联络员和重大环境问题协调会商制度，省军区环境保护部门应当及时向所属军区级单位环境保护部门和当地驻军通报有关情况，协调解决军地环境建设的突出矛盾问题，推动融合发展工作有序有效开展。

3．实行联合监管制度

军队环境保护工作应当依法接受国家环境保护部门的指导和监督。对国家和地方支持的军队环境保护重大专项工程，实行军地联合执法监督，对社会化保障的军队污染防治设施，实行军地联合监督管理。

（四）推动环境保护设施统筹利用

1．统筹环保设施建设

对处于市政公共设施服务范围的军事区域污染源，军队环保部门应积极争取当地人民政府环境保护部门的统筹协调，使其在引接市政管网，以及经费、技术等方面能支持军队单位做好相关污染防治配套建设。无市政依托的军队单位建设小型污染治理设施，应当尽量考虑驻地周边单位及群众需要，争取当地人民政府环境保护部门的支持。地方放射性废物处置机构和设施，应当统筹考虑军队放射性废物的贮存和处置。鼓励社会资金和专业力量参与军队环境保护，推动军队单位污染防治设施的运行管理向社会化和专业化转变。

2．实行鼓励优惠政策

军队环保部门应积极争取各级人民政府环境保护部门的支持和配合，使其将军队单位环境保护工作纳入相关环境保护优惠鼓励政策范围，鼓励军队建设废水和垃圾资源化设施，开发利用清洁能源。对实现废水、垃圾资源化或改用清洁能源的军队单位，按照国家有关规定给予优惠及奖励。国家和地方的环境保护专项资金，应当在军队单位的环保基础设施、能力建设等方面加大扶持力度。

3．支援国家生态建设

军队单位应当发挥自身优势和突击队作用，按照国家和地方的统一要求，采取多种形式，组织部队和民兵、预备役人员，积极承担重大生态环境民生工程建设任务，加强生物多样性保护和自然保护区管理。同时，要紧紧围绕建设现代营房，创建绿色营区和生态营区，不断改善军事区域和驻地环境质量，继续当好国家环境保护和生态建设的排头兵。

（五）突出环境监测与应急能力建设

1．执行环境监测一体化

各级人民政府环境保护部门要将军队环境监测机构作为重要力量，纳入国家和地方监测网络，同步考虑军队监测站点建设和监测仪器设备的配置。有条件的地方人民政府环境保护部门，要积极支持军队医疗污水、生活性污染源的自动监控系统建设。军队环境监测机构在做好军队环境监测工作的同时，应按照有关规定要求，增强应急监测能力，积极承担国家和地方重点环境监测任务。驻环境条件特殊、生态环境监测盲点区域内的部队，应当按照国家专项投资、军队建设管理的方式，建立国家重点环境背景监测站点，增强国土环境监管能力。

2．加强环境应急保障

各级人民政府环境保护部门要将军队环境保护和监测力量纳入相应的环境应急管理体系，在应急与处置技术、装备等方面给予支持。军队团级以上单位的环境保护部门，要加强与县级以上人民政府及环境保护部门应急管理机构的协作，发挥军队的特色和优势，随时做好重大行动任务和突发环境事件的环境应急支援。

（六）促进环保信息人才技术资源共享

1．通畅信息报告渠道

军队和地方各级环境保护部门要研究建立军地环境信息通报制度，创建快捷的信息交换平台，定期通报军地环境保护政策法规、技术标准，及时报告环境事件应急和环境投诉情况，按照有关规定交流环境监测数据，使军地双方及时了解掌握环境信息，为环境保护决策科学化和防治技术最优化提供服务。

2．强化人才交流合作

各级人民政府环境保护部门在组织考察学习时，应尽可能考虑军队环境保护人才培训的需要。地方有关环境保护教育培训机构，要积极创造条件，承担军队环保技术和管理人才培养的任务。军队环境保护部门要积极协调，充分利用军队训练设施和人才资源，采用国家投资、军队建设管理、军民合用的方式，建设环境应急模拟训练基地，搞好环境应急训练演练，探索建立军地联合培训、演练等交流活动的工作机制，努力培养军地通用环保人才。

3．加快技术成果转换

军队和地方各级环境保护部门，要充分发挥环境保护科研优势，加大联合攻关力度，突破环境保护关键技术，积极推广并优惠转化利用军地环境保护科研成果和实用技术，努力提高环境保护技术水平。

（七）加强环境保护军民融合式发展的组织领导

各级人民政府环境保护部门和军队有关部门，要站在国家安全和发展战略全局的高度，把推进环境保护军民融合式发展工作列入重要议事日程，按照有关规定纳入领导干部政绩考核内容，健全综合协调机制，明确责任分工，落实任务措施。要认真学习贯彻环境保护军民融合式发展的政策法规，及时总结推广军民融合的新经验、新典型，大力宣传生态文明的新知识、新理念，努力营造有利于融合发展的良好氛围。

二、军民融合的发展成就

在新的历史条件下，我军紧紧抓住国家扩大内需、加大环境保护投入的难得机遇，不断推进军队生态环境建设创新发展，依靠军民融合的发展道路取得了显著成就，积累了丰富的经验，在拓展环境建设融合发展的范围、内容和时效上取得了一定的突破。

（一）注重应急，发挥环境监测融合式发展优势

应对突发环境污染事件，军队有其独特的优势，也是地方环境监测机构促进军民融合积极性最高的领域。各军区环境监测中心站可主动依托当地环境监测协作平台，充分整合资源，与各级地方环境监测机构建立分片区的突发环境污染事件应急环境监测联动机制，在应急预案、人员、设备和任务等实现科学对接，并定期组织开展军民联合应急监测演练。这既有利于提高军队环境监测中心站应对突发环境事件的应急监测能力，也可增强地方环境监测机构的应急力量。

（二）军民融合助阵北京奥运

北京奥运会空气质量保障工作是融合式发展取得的最大成果。从2001 年北京申奥成功以来，人民军队在时间紧、任务重，没有专项经费保障的困难条件下，积极探索国家拨一点、北京市补一点、军队自筹一点的军民融合防治新方法，积极筹措经费，指导驻京部队按照国务院和北京市要求，提前完成驻京城八区部队的燃煤锅炉置换改造和油库、加油站及汽车尾气的治理，对各类工程建设项目实施工地扬尘污染治理，对所有营区进行绿化美化等任务，充分利用国家提供的政策和机遇完善和发展军队的环境治理工作。

（三）坚持军民融合发展，共筑北疆生态屏障

某军区在全军环保绿化委员会的正确领导下，坚持服务大局、强力推进、优势互补、效益为先，着眼西部大开发和绿色奥运，2001 年以来，军区启动了“某生态工程”，即计划用 10 年时间在内蒙古、河北、宣化、红山军 4 个风沙危害严重的马场规模造林，在呼和浩特、丰宁、多伦、张家口等地公路沿线建立 5 条生态林带，在内蒙古沙化地区建立 60 片5 万亩规模的生态圈，团以上单位在驻地创建 100 个义务植树基地。工程实施以来，军地联手投入资金上亿元，人力上百万人次，植树种草、治沙造林、围封抚育绿化资源几百万亩。2007 年提前超额完成任务，初步实现了裸露沙地植被化、植树造林规模化、重点工程示范化、管理抚育规范化目标，涌现出一大批在全国全军很有影响的标志性工程。北京奥组委称“某生态工程”是维护首都生态安全的创举，军区部队是建设奥运绿色家园的生力军。

为支援国家京津风沙源治理，某军区积极协调内蒙古自治区政府，计划用5年时间在内蒙古商都县联合建设5.5万亩的大型义务植树基地。2008年工程启动以来，军地双方联动，密切协调，每年在当地植树条件最佳的4月底5月初，组织部队官兵、民兵、预备役人员和党政机关干部，集中开展万人植树会战。4年累计完成造林上万亩，植树上百万株，一处大面积抵挡风沙入侵京津的生态屏障初具规模。2010年4月28日，国家林业局领导亲临现场植树，并称赞军区“成为绿化祖国、建设生态文明的排头兵，走在了全国前列”。

北疆生态屏障建设是一项体系庞大的社会工程，仅凭单方面力量很难完成。某军区紧紧抓住全党全社会高度重视生态建设的历史机遇，最大限度地凝聚军地力量、互帮互动，坚持主动作为，内引外联，努力搭建优势互补、资源共享、各尽所能、携手并进的军民融合绿化平台，探索了一些有价值有新意的经验做法。

一是为民惠民、以治沙带致富的杭锦旗模式。杭锦旗地处鄂尔多斯高原西北部，库布齐沙漠横贯东西，全旗沙化、半沙化面积达59.3%，许多牧民不堪风沙，被迫迁徙。某人武部将防沙治沙作为践行宗旨、支援驻地的重点工作，采取签约征地模式，自力更生、艰苦奋战，建成生态林6.7万亩。同时，坚持治理与开发、治沙与致富相结合，通过建立沙柳切片厂、发展生态旅游业，形成了“沙漠变林地、林地变良田、良田产饲草、饲草搞养殖、养殖变资金、资金再投入”的循环经济链条，引导当地牧民治沙致富。

二是精神感召、联手治沙的阿拉善模式。内蒙古阿拉善盟是我国最大的沙尘源地之一。某军分区以治沙绿化、打造生态安全屏障为己任，围绕解决缺资金、缺技术，难以请领项目、形成规模的瓶颈问题，主动与相隔万里的新中国第一家证券交易机构——深圳证券交易所牵手，以大漠戈壁特有的“胡杨哨兵精神”为深交所提供国情教育课堂，吸引深交所投资联手共建“青年世纪林”。合作以来，深交所年年选派优秀员工到阿拉善植树造林，开展“生态建设暨国情教育”主题实践活动，并以在国内金融界广泛的影响力和号召力，带动甘肃大禹节水灌溉公司等一批优质高端企业加盟。既为治沙绿化这一长期工程赢得了支撑，也使充分体现当代革命军人核心价值观的“胡杨哨兵精神”在改革开放前沿地带、在知识精英中得到尊崇和传播。

三是部队出力、地方管护的商都模式。在与国家有关部门、内蒙古自治区商定的基础上，某军区制订了京津风沙源治理商都义务植树基地五年建设规划。按照规划，双方坚持在组织领导上一体联动，军地各级分别成立相应组织，定期召开联席会议，协调解决经费投入、任务划分、现场作业、后勤保障、安全防卫等问题，确保基地建设顺畅推进。坚持人财物力一体投入，某军区每年成建制抽调部队以驻训方式大规模展开会战，加快种植进度、形成造林规模，当地政府动员地方力量与部队共同植树，免费供水供电、提供低价物品采购，公安部门与部队建立联防机制，为植树活动提供有力保障，达到了一周植树几十万棵的进度规模。坚持种植管护一体运作，部队集中突击整地挖坑，地方负责提供苗木水源，加强技术指导，搞好后续管护，确保林木成活。商都模式有效实现了军地优势互补，收到了改善生态、拥军爱民、锻炼部队的多重效应。

（四）加强军队生态环境建设，推进环保绿化军民融合式发展

总装部队坚持以科学发展观为指导，深入探索新形势下军民结合、寓军于民的生态环境建设新途径，积极开展机制融合、管理融合和技术融合方面的有益尝试，逐步走出了一条军地融合、优势互补、同步规划、协调推进的环保绿化军民融合式发展新路，在黑河治理、苗圃建设、林木管护和草原保护等方面，迈开了实质性的步伐，在较短时间内解决了大量严重影响官兵健康、制约部队全面建设发展的环境问题。

2003 年，国家实施黑河治理初期，因涉及保密等原因，未将总装某基地营区内的 185 km 黑河河段纳入治理范围。为此，总装多次向水利部反映有关情况，反复进行协调，并向国务院和中央军委写了专题报告，最终将该基地黑河治理纳入了国家总体规划，共落实专项投资上亿元，实施了 20 多个大型建设项目，重点解决了 5 个影响基地长远发展和国防科研试验的突出问题。

一是对营区运行 40 多年的老旧排污系统进行了彻底改造，同时，将营区周边大大小小 10 余个点的污水收集到污水处理站集中处理，从根本上解决了生活污水直接排放到戈壁滩造成的污染问题。

二是实施了水库补强加固和河道治理。一方面，使防洪能力得到了大幅提升。20 世纪 90 年代，基地曾两次受到洪水侵袭，损失严重。经

过这次治理后，基地 2006 年、2008 年先后两次经受了历史上最大洪水的考验，均安然无恙。另一方面，水库、河道和地下水的水位有了明显上升，水库周边、黑河两岸的胡杨林天然更新效果显著，出现大量胡杨林幼苗且长势旺盛，这是之前从未有过的。

三是新建引水渠道 20 km、大型蓄水池 4 个，构建了由水库到基地营区及环绕基地的渠道网，不仅增加了空气湿度，改善了局部小气候，而且绿化灌溉全部采用地表水，每年可少抽取地下水 1 000 万 t。

四是开展了生态建设，造林 2.1 万亩，种草 1 500 亩，营造了两条环绕基地和载人飞船发射场的防风固沙林带，有效降低了风沙对科研试验和官兵生活的影响。

五是新建了生活用水水源地，彻底解决了影响官兵健康，困扰基地多年的水质不达标问题，使广大官兵真正喝上了放心水，稳定了军心、民心，保证了武器装备科研试验的顺利进行。

同时，总装协调水利部，落实节水改造专项投资上千万元，完成近 5 000 亩绿地的节水灌溉改造，使宝贵的水资源得到了最有效的利用。协调国家林业局，落实每年 30 万元的天然胡杨林病虫害防治经费，确保了天然胡杨林的安全。协调山西省林业厅，将某基地苗圃建设纳入了山西省林业发展规划，新、改、扩建苗圃 300 余亩，每年培育苗木 26 个品种、40 万余株，进一步提高了苗木自给率，为生态建设的长远发展奠定了基础。

为与地方管理体系接轨，总装协调水利部、国家林业局和甘肃省有关部门，在某基地专门成立了全军第一个水务局、林业局和林业公安局，接受军队和地方的双重指导，既理顺了与地方的工作关系，又方便了管理和执法，减少了矛盾，收到了良好的效果。

环保绿化事业要发展，离不开科学技术，离不开专业人才。为此，总装改变过去封闭建设的思路，坚持巧借外力，不断加强军地技术融合，深入破解这一发展难题，积极与地方林业科研院所和院校开展技术合作与交流，组织军内外专家联合攻关，先后试验摸索了开沟积沙、挖鱼鳞坑、灌水冲洗脱盐、挖沟排碱、高垄造林等戈壁荒漠和荒山造林实用新技术。大力推广应用了地方先进的科技成果，如野生麻黄草驯化技术、ABT 生根粉、生态型保水剂等，成功引进了 70 多种适合戈壁荒漠和荒山生长的植物品种，不仅丰富了绿化物种资源，而且提高了造林成活率，较好地解决了戈壁荒漠、荒山及盐碱地的造林难题。结合三荒造林，总装与中国科学院兰州沙漠研究所开展了铁路专用线沙害治理研究，建成了麦草方格防风固沙体系，有效地遏制了风沙侵袭，结束了铁路线常年需要人工清沙的历史。同时，还聘请地方林业专家和技术人员到部队讲课办班，系统讲授种苗培育、苗木栽植、林木抚育管护等专业知识。植树造林“三分种七分管”，只有管护到位才能达到效果。部队单位与驻地林管站、派出所、草原监理站建立联合管理机制，定期组织巡视检查，有效防止了乱砍滥伐、过度放牧、毁林复耕和火灾隐患。某基地与地方政府联手建立封育管理区，封育区内植被已恢复到60%以上。某基地协调地方政府，专门成立了东风场区林业局、水务局和林业公安局，妥善迁移疏散场区内牧民，使封育区内红柳、胡杨等植被迅速恢复，生态环境得到明显改善。

为解决火箭推进剂废气污染问题，总装将推进剂废水、废气治理列为重大课题，联合中科院山西煤炭化学研究所共同研究，在我国率先采取直接焚烧销毁的方法，完成了对偏二甲肼废气的妥善处理。

总装大中型的生态建设和污染治理项目，基本实行了建设方案军地专家联合论证，设计、施工和设备采购面向社会公开招标，保证了建设项目的科学性、可靠性和适用性。

总装还充分发挥各级环境监测站的技术和人才优势，积极开展援奥、援世博活动，做好涉核、涉化、涉毒方面的安全检查工作；协助开展驻京部队油库、加油站油气回收改造监测，主动承担首都重大节日应急监测值班任务，既促进了军地双方技术交流与合作，又为地方经济建设和发展做出了有益贡献，收到了良好的效果。

（五）军民融合式发展，助力生态营区建设

某军队疗养院始建于1950年，位于风景秀丽的西子湖畔。近年来，疗养院认真贯彻落实关于军民融合式发展的战略部署，努力走开环保绿化军民融合式发展之路，助力生态营区建设，融入西湖谋规划，吸纳外力抓建设，引智管理出效益，坚持把疗养院生态建设融入西湖景区协同发展，既体现军队特色，又融入地域环境，从源头提高生态规划层次和建设水平。主要经验有以下三方面：

一是借好策，抓住难得机遇。利用军队开展国债资金治理环境污染的契机，疗养院对所属医院医疗污水处理系统进行了升级改造，新建日处理量 800 t 的花园式医疗污水处理站，既彻底解决了医疗污水排放问题，又为营区新增一景；利用杭州市进行锅炉“煤改油、煤改气”工程，争取地方政府补助 50 万元，先后对全院 5 台锅炉进行了“煤改油、煤改气”改造，安装了食堂操作间静音除尘吸油装置，有效降低了院区大气污染排放；积极支持地方政府开展的“西湖综合环境整治工程”，主动拆房还绿，退地还湖，新增沿湖绿化面积上万平方米，为西湖西进、更添美景做出重要贡献。

二是借好智，提升能力水平。聘请地方技术力量，成立了由分管领导挂帅，中国美术学院教授、地方园艺专家和院保健、营房等各类人员参加的环保绿化建设指导小组，专门负责全院环保绿化工作管理。在中国美术学院专家指导下，投资 200 余万元，把院原鱼塘和周边地块改造成融入中医五行相生理念的“珍香园”，原先淤泥沉积、杂草丛生的营区死角焕然一新、郁郁吐翠，既赏心悦目，又能疗养身心，成了疗养员每日必到的新花园。定期邀请园艺专家到院内讲授苗种分类种植、园艺设计、植物养护、枝叶修剪等绿化知识，对全院绿化结构、植物分类、生长层次等进行优化，提升了绿化管护水平。

三是借好力，聚合社会力量。为解决营区排水设施老化问题，利用与驻地良好军政军民关系，争取到西湖管委会投入经费 200 余万元，对全院生活污水截污纳管，全部纳入市政管网，杜绝了生活污水直接污染环境的问题。为加快营区环境建设，发动全院官兵积极参与，以地方投入一点、军工自建一点的形式，进一步提升了营区生态环境建设水平。

（六）军地合力，积极推进部队供暖保障社会化

驻乌部队在军区党委的领导下，积极争取新疆维吾尔自治区党委、政府的有力支持，全区部队特别是驻乌部队锅炉并网改造工程取得了突破性进展。截至目前，驻乌部队已有几十个单位、上百个营区并入市政供热管网，拆并燃煤锅炉上百台，新建换热站几十个，供暖面积上百万平方米，清退临时工 246 名，336 名士兵重新回到了训练场，168 名职工分流改做其他工作，为乌鲁木齐“蓝天工程”的实现做出了应有贡献。驻乌部队的做法主要有以下四方面：

1．以科学发展观为指导，着力在解放思想、转变观念上求突破

观念的落后是最大的落后，思想的僵化是最大的障碍。几十年来，驻乌部队营房供暖工作一直都是自购燃煤、自烧锅炉、自我保障，浪费了资源，耗费了人力，污染了空气，埋下了安全隐患，各级在如何提高保障效益上动了不少脑筋，想了不少办法，做了大量工作，但始终都在固有的保障方式上徘徊。当锅炉并网改造工程启动后，有不少同志甚至少数领导干部心存疑虑，概括起来讲主要有“四怕”：一怕没钱，费用高，缺口大；二怕花了钱，供暖水平难保障，特别是一些干休所的老首长，年纪较大，行动不便，对供暖标准要求较高，如单位自行供暖，就可以根据天气的变化提前或推迟停暖，供暖保障改革后，担心机动性较小，没有以前方便；三怕职工下岗影响单位安全稳定；四怕保密工作难保证，地方人员因工作关系需经常在营区内走动，且对于每栋营房的建筑面积、主要功能以及部队的日常活动比较了解，势必给管理、安全保密工作增加了难度。就是在这些因素的影响下，在供暖改革初期，不少单位都在等待、观望，有的甚至把铺到营区门口的管网拒之门外1～2年。

针对上述情况，驻乌部队采取有效措施，下决心在解放思想、转变观念上求突破，扫除制约供暖改革发展的模糊认识。首先是组织官兵深入学习科学发展观理论，牢固树立人与自然和谐发展的观念，关注人文指标、资源指标和环境指标，充分考虑资源、环境的承载能力，决不能以牺牲环境为代价去换取一时的方便，决不以局部利益损害全局发展，懂得保护环境就是保护人类的科学内涵，切实用科学发展观理论武装头脑、指导实践。其次是及时组织学习《关于推进军队后勤保障社会化有关问题的通知》精神和两级军区党委扩大会议关于社会化保障和资源节约工作的重要指示，自觉从讲政治高度把供热并网建设工作列入党委议事日程，结合“以艰苦奋斗为荣，以铺张浪费为耻”专题教育，积极引导官兵强化珍惜资源、保障环境、节约资源的先进理念，培养健康、文明、节约的消费习惯，为建设资源节约型、环境友好型社会做出积极贡献。再次是组织有关领导和后勤人员到已实行集中供热的单位和小区进行参观见学，目睹社会化改革带来的巨大变化和效益，分析典型事例，进行经费核算，得出准确的费效比，引导部队从横向比较中弄清实行社会化保障的效益优势，消除模糊认识。最后是积极利用广播、电视、局

域网和板报等多种媒体，广泛宣传锅炉并网工作对治理大气污染的重要意义，切实增强部队官兵的环保意识和生态意识，大力开展“我为节约做贡献”“我为蓝天做贡献”活动，教育官兵从节约一度[①]电、一滴油、一两[②]煤入手，时时处处讲节约，保护环境，爱护自然。广大官兵环境的忧患意识和资源节约意识显著增强，形成了争做集中供暖的推动者、组织者和实践者的良好氛围，创建环境友好型部队的群众性活动正在逐步深化和拓展。

2．重点分析制约供暖改革发展的各方面因素，突出在破解难题上理思路

当改革发展遇到阻力的时候，驻乌部队既没有等待观望，也没有坐在办公室苦苦思索，而是及时组织得力人员深入基层调查研究，倾听干部、战士、职工的呼声，虚心向基层官兵学习，放下架子向基层的同志请教，对看到、听到、问到或体验到的情况，特别是对一些关键性的问题，寻根刨底，多角度思考，深层次研究解决对策，着力破解“四怕”等难点、重点问题。通过调研，驻乌部队感到制约供暖改革发展主要有以下几个具体问题：

（1）经费缺口大。经费缺口主要由四部分组成：

①基础设施配套费。要并入城市供热管线，乌鲁木齐市地方财政和建设行政主管部门根据相关规定按每平方米建筑 25 元标准收取集中供热基础设施配套费，仅驻乌部队就有上百万平方米建筑需并入市政供热管网，共需经费上亿元。

②营区供暖管线设施改造费。驻乌部队营区供暖管线大多为营区初建时铺设，有的已经使用一二十年，甚至三四十年，管线锈蚀老化，跑冒滴漏现象较为严重，并入地方企业供热管网后，由于热源一般距离营区相对较远，热损耗较多，必须更换营区内超过使用年限的管线才能有效保证冬季取暖温度。经调查统计，驻乌部队上百个营区共几十万米供暖线路需要改造，需要经费上亿元。

③换热站建设经费。部分营区距已有换热站较远、营区地势较高和

① 1 度=1 kW·h。

② 1 两=0.05 kg。

原有换热站供热已趋近饱和，经调查统计，需新建换热站几十个，需经费几千万元。

④取暖费。乌鲁木齐市年供热按 22 元/m^2 收取，驻乌部队上百万平方米取暖面积，需要经费上亿元。四项经费共计几亿元。

（2）并网协调难度大。主要表现在以下三个方面。

①集中供热初期，供热企业考虑长远发展，给部队营区预留了供热管网接口，但当时不少部队不愿集中供热，没有并入供热管网。随着经济社会城市化进程快速发展，地方新增的建筑占用了曾给部队预留的供暖管径，多数供热企业供暖面积已经达到设计负荷，有的甚至超负荷运行，再无力增加供暖面积。如部队再要求并入供热管网需增大供热管径，更换供热管线，而热力公司不愿再投资。其次，个别营区处于热力公司供热管线末端，或者处于地势较高处，供暖温度因客观原因达到标准要求需投入较高成本。为了减少各种麻烦，这些营区经常被供热公司拒之门外。

②地方供热公司是低利润部门，追求的是规模效益。近几年，煤价不断上涨，供热成本越来越大，而取暖收费并没有随之上调，致使小散远单位的营区难以找到供暖保障企业。再则，职工分流安置困难。营房职工分流与安置是供暖保障社会化难点之一。驻乌部队供暖保障职工共有 179 名，临时工 359 名，中专以上文化 134 名，高中以下文化 404 名，数量多，年龄偏大，素质不高，专业单一，多数职工来源于随军家属、战士转工、部队干部职工子女，在部队工作时间长，对单位的期望比较高，不愿意接受下岗或收入减少的安排，而社会用人单位也不大愿意接收这类人员。

③房改、医疗、养老、职称等问题的解决，也会给职工分流带来困难，延缓供暖保障社会化改革的进程。解决这些难题，除了发挥各级领导干部的主观能动性外，更重要的是必须得到地方党委政府的有力支持。

3．下大力争取地方党委政府全方位支持，为供暖改革顺利实施创造条件

部队营区供暖改革涉及地方政府的许多部门，没有地方的支持，供暖保障就难以实现。为了争取地方党委和政府的大力支持，主要采取了以下三项措施：

（1）积极靠上去做工作。军区司令员、政委亲自邀请自治区、乌鲁木齐市领导来部队召开军政座谈会，共同商议部队集中供暖改革的重要意义和发展规划，积极协调自治区领导共同参加驻乌部队并网工程建设开工仪式，并就改革过程中遇到的重难点问题商请地方领导予以解决；军区联勤部部长带领有关人员多次到自治区、乌鲁木齐市党委和政府反映部队供暖改革工作中遇到的困难和问题，及时与地方领导共同组织军地并网改造工程协调会，研究解决具体改造方案。

（2）将驻乌部队供暖设施改造工程纳入乌鲁木齐市城市建设统一规划。近年来，乌鲁木齐市根据上级指示精神，广泛开展了“建设蓝天工程”活动，驻乌部队全体官兵职工和家属与乌市市民同在一片蓝天下，有责任、有义务与市委、市政府和全体市民一道共同建设好自己的绿色家园。借此机会，驻乌部队一边教育引导全体官兵进一步增强“蓝天工程”建设的使命感和责任感，一边积极协调乌鲁木齐市党委政府将驻乌部队供暖设施改造工程纳入乌鲁木齐市城市建设统一规划。乌鲁木齐市委书记专题组织召开了驻乌部队燃煤锅炉并网改造工作会议，研究具体方案，同时将该项工程列入双拥工作重要内容，责成有关部门重点抓好落实。乌鲁木齐市市长带领职能部门有关人员亲临并网改造工地检查指导工作。在军地双方共同努力下，2010 年乌鲁木齐实现了全年 256 个优良天数的蓝天目标。

（3）积极争取经费、政策和技术的重点倾斜。2005 年以来，乌鲁木齐市先后为驻乌部队投资上亿元供暖设施改造经费，有效地弥补了供暖改革所需经费缺口；营区外管线铺设及换热站设施建设由供暖企业负责；营区内超过规定使用年限的管线由地方政府负责更换，免收全部入网费；取暖费由每平方米 22 元下调到每平方米 19 元，仅此一项每年为部队节约取暖经费上千万元；地势较高和小散远营区纳入集中供热管网后所需经费缺口由市政府为供热企业补偿；市政府协调某热力公司增容 120 t，将原来没有入网现在又必须入网的部队营区并入集中供热管网，所需经费由政府补偿。素质好的职工经协商移交地方热力公司，部队为职工按期缴纳养老、失业保险金，移交后由承包方负责缴纳；合同制工人如满合同期按合同日期终止劳动合同，合同期不满的依法解除劳动合同；符合退休、接近退休年龄并符合有关规定的安排“内退”，符合病退条件的办理病退；对素质偏低的职工由政府送有关机构参加为期半年的技能培训，结业后由市人事局负责推荐就业；对于本人不愿意走向社会的职工，采取转业待岗、推荐就业、自谋职业等形式安置。

4．建立健全运行机制，有力地促进了供暖改革工作沿着正确轨道健康有序地发展

为了切实抓好集中供热并网建设工作，驻乌部队在建立健全集中供热并网建设运行机制上深入思考，精心筹划，做了大量前期准备工作，为供暖改革工作健康发展在组织上、制度上提供了保证。及早成立了由联勤部部长任组长、一名副部长任副组长，机关基建营房处、财务处、运输处、审计处等有关处长为成员的领导机构，组建集中供热并网建设办公室，联勤部基建营房处长任办公室主任，工程环境质量监督站主任和联勤某部营房处处长分别任办公室副主任，下设协调督导组、技术指导组、工程质量监督组、施工工程组，同时制定了各自的工作职责、工作计划、实施细则和有关规章制度。驻乌各部队也都建立了相应的领导小组，制定了具体的落实措施。乌鲁木齐市供热办成立了驻乌部队锅炉并网改造工程工作小组，在市建委直接领导下负责驻乌部队并网工程的组织实施工作。

（1）加强组织领导

集中供热并网改造工程办公室专门负责军地协调、图纸审查、指导施工、技术把关及处理各种矛盾和问题，每半月通报、讲评并网工作进展情况；每月召开一次军地双方工作座谈会，通报情况，交流经验，解决问题。所属部队每半个月上报一次工作进展情况。

（2）精心优化设计

严格按照制订方案—现地调研—充分论证—初步设计—方案评审—送市政府审批—协助招标—组织施工—质量监督—工程验收—运行检查的程序搞好工程建设工作，专门邀请军内有经验的技术人员审查方案及施工图纸，对每一个营区，除了向市供热办和设计单位提供详细的设计资料外，还反复组织有关人员和供热单位实地勘察，对二次管网组织双方人员逐段检查，核对管径及负荷，了解质量情况，确定施工的可行性。

（3）严格施工管理

乌鲁木齐市建委重点负责施工队伍的法人资格、技术实力和建设成

果的考察，部队派人参加招标会。施工中，军地职能部门安排专业技术人员到施工现场专门负责工程的施工、质量监督和协调工作，发现问题及时纠正，确保了并网改造工程的高质量。

（4）加强政治审查

对进入部队营区具体实施保障工作的人员，由军地业务部门联合对其进行政治审查，审查通过后办理出入证件，进入营区后规定活动区域。

（七）坚持军民融合，共建绿色军营

上海是一座金融、贸易、航运和经济高度发达的国际化大都市，也是一座军民鱼水情深的双拥模范城市。长期以来，上海某部紧紧抓住驻地拥军的传统优势，积极依托上海巨大的建设成果和雄厚的社会资源，切实走开军民融合式发展的新路子。特别是近年来，上海某部注重把握上海世博会召开这一重大历史机遇，以创建“绿色、环保、低碳、生态”军营为目标，牵头协调地方政府和驻沪部队，科学统筹、精心规划、密切协作，圆满完成了驻沪部队迎世博环境整治任务，共同谱写了一曲环保绿化军民融合式发展的新篇章，为军民融合式发展有力、有序、有效推进做了有益的探索。

1．坚持军地联动，建立健全军民融合式发展长效机制

权威高效的运行机制是实现军民融合式发展的重要保证。上海某部职能部门反复学习有关法律法规，积极与军地职能部门领导和专家交流探讨，认真分析在开展军民活动中的实践经验，探索建立了以地方政府管理部门为依托，以军区职能部门为桥梁的军地联合工作机制。

一是联合指挥机制。坚强的领导是实现军民融合式发展的重要保证。2009 年 8 月，全军环绿办会同上海市环保局、上海市迎世博 600 天行动指挥部，联合召开了驻沪部队迎世博环境整治动员部署专题会议，研究确立了由军区首长挂帅，政府相关职能部门和驻沪部队领导参加的“环境整治工作领导小组”，对驻沪部队的环境整治任务实施统一的组织指挥。领导小组每半年召开一次会议，组织一次现场办公，研究分析形势，总结部署工作，确保了整治工作有序展开。

二是工作协调机制。按照联系经常化、建设常态化、工作制度化的要求，坚持军地联席会议，建立军民融合式发展情况通报、要事会商、现场办公等制度，形成军民融合式发展工作程序和协调机制。迎世博活

动中，为确保军营整治任务按时推进、落实有力，军地双方建立了定期会议协商的方式，研究措施，商定方案，互通信息，加强协调，共同督促。一年多来，先后召开 10 多次军地联席会议，协调解决上百个重难点问题，确保了整治工作按期完成。

三是检查评估机制。建立军民融合式发展生态军营整治内容体系、标准体系和评估体系，由“环境整治工作领导小组”牵头，协调上海市委、市政府和部队驻地党委、政府督查部门对军民融合式发展建设任务定期检查，组织军地有关部门领导、专家、技术人员组成的联合考评组，分阶段对军民融合式发展建设情况进行考评。迎世博军营整治期间，督查部门督办工程建设 30 多项，涉及经费上千万元。先后 16 次对各阶段建设质量进行检查考评，及时纠正和调整不合理的建设项目。

四是责任落实机制。刚性的制度是军民融合式发展的有效保证，迎世博营区环境整治需要军地双方团结配合，为此，军区建立健全权责一致、运转顺畅、奖惩有力的军民融合式发展工作制度。每一项工程都落实了双方联动责任制，签订了共同责任书，齐抓共管，定期向领导小组提交工作进度报告，接受领导小组的检查评估，对建设进度不到位、工程质量不达标的，逐级追究责任，及时组织整改，确保了整治工作高效推进。

2．发挥驻地优势，积极拓宽军民融合式发展建设渠道

上海海纳百川、人杰地灵，在生态环境建设上，理念先进、技术雄厚。在推进驻沪部队迎世博环境整治任务中，军区注重借势借力，充分利用社会资源优势，丰富环境整治项目建设的内涵，做到同步规划、同步推进、同步发展，促进部队营区建设水平的整体提高。

一是引入地方资源。主要做到“三借”。首先是借“智”。军区专门邀请市园林绿化管理局、园林绿化行业协会的专家到基层部队帮带，开展“绿化知识进军营”活动。举办绿化养护、病虫害防治等专题知识讲座 40 多场次，有效地提高了部队生态建设整体水平。其次是借“技”。有计划组织部队官兵到地方学习绿色新技术，营区内广泛推广新能源、新材料，普遍采用太阳能路灯、停水自闭阀、空气源热水器等先进设备，努力创建资源节约型新型营区。最后是借“力”。建立寓军于民的管理体系，推进管理模式向社会化转变。与资质过硬的绿化养护机构和园林

公司签订合同，对营区绿化进行定期维护、定期更换；与环卫部门签订垃圾城市化处理协议，营区垃圾由专业部门集中清理。

二是纳入整体计划。抓住上海迎世博契机，利用政府议军会，军区首长提出把部队营区环境整治列入城市总体规划，融入城市建设，共同发展。市委、市政府高度重视，上海市委多次指示“政府相关部门要不遗余力地配合部队搞好营区综合整治工作，能纳入规划的纳入规划，能减免费用的减免费用”。全区部队主动搞好对接，积极协调驻地相关部门，细化工程任务，明确双方职责，为实现营区环境面貌彻底改观奠定基础。

三是融入驻地环境。主动将环境整治任务融入城市建设规划体系，在设计上，与“绿色低碳”的城市主题相一致，与驻地环境相协调，取得了良好的生态效益、社会效益。海防某旅在设计规划时主动走访地方有关部门，多方协调，科学论证，整合资源，将营区生态环境建设与毗邻的申隆生态园区有机结合，实现了基础资源共享，减少了配套建设投入，提高了保障效益。

四是并入统一管理。迎世博环境整治任务下达后，根据军地联席会议精神，按照属地分管原则，由各区与任务部队结对搞好项目管理，协助办理相关手续，并组织军地相关业务部门组成联合工作组，统一论证方案，统一建设标准，统一检查验收，通过严格规范的管理和对建设项目的全程监控，确保了整治任务取得扎实成效。

3．突出工作重点，不断提升军民融合式发展效能水平

加强军营生态环境建设，是贯彻落实党中央“科学统筹经济建设与国防建设，坚持军民融合式发展”战略部署的重大举措。军区始终遵循统一规划、资源共享、联防联治、同步达标的原则，坚持做到组织协调一体化、立项建设集约化、保障方式社会化，有力推动了环保绿化军地良性互动、协调发展。

一是抓住契机，统筹协调。为营造绿色低碳的城市环境，迎接世博会的召开，上海市委、市政府制定下发了《上海市迎世博加强市容环境建设和管理 600 天行动计划纲要》，对城市规划区内污染排放大户开展集中整治，驻沪部队也承担了部分整治任务。在全军环保绿化委员会办公室的指导下，军区积极发挥牵头单位作用，及时组织召开“驻沪部队迎世博营区环境整治”军地协调会。军地双方共提计划、共拿方案，共

定任务、共筹经费，先后共同投入上亿元，完成了全军驻沪部队几十个团以上单位的465个整治项目，较好地完成了79项煤改气、56项油气回收治理、73项营区污水治理、23项架空线路埋地、234项其他环境综合整治等工程任务，为实现“精彩、难忘、成功”的世博会和建设生态宜居城市做出了贡献。

二是优势互补，主动作为。为全面完成迎世博各项准备任务，军区党委提出了“建设高标准‘窗口’部队”的目标，号召广大官兵主动作为，积极创建与国际化大都市相适应、与“绿色、环保、低碳”相协调的生态军营。上海市相关部门鼎力支持，在水网电网改造、污水垃圾处理、绿化种植养护等方面，提供了大量资金和技术支持。世博会筹备期间，通过军工自建、军地共建等方式，更新水电管线上万米，改造营区排水管网上万余米，建设集中式垃圾站几十个，完成“四旁”植树上万株，种植花木7万余株，铺设草坪10余万平方米。同时，军区部队积极参加地方生态建设，出动人员、车辆支援地方植树5万余株，有效地改善了营区环境，扮靓了城市风景。

三是联合攻关，科学转化。世博会生动展现了世界各国在生态环境建设领域的成就和理念，给驻城市部队的环保绿化工作带来很多启示。长期以来，由于城市建设密集度较高，营院面积相对较小，营区绿化效果始终不明显。为彻底化解“螺蛳壳里做道场”的难题，因地制宜地提高环保绿化建设层次。各级主动协调地方园林、市政、环保等部门及相关科研院所，借助地方先进技术，联合攻关，引入世博会中城市绿化先进技术理念，在部分营区试点立体绿化、屋顶绿化、墙面绿化，有力推动营区绿化美化向园艺化、生态化转变。上海市绿化委员会还主动“传经送宝”，向军区部队赠送了绿化书籍1 000多册，提升了官兵的参与热情，提高基层部队“爱绿管绿”的整体水平。

4. 勇于探索实践，积极推进军民融合又好又快发展

军区坚持不懈地走环保绿化军民融合式发展的路子，为高标准推动国防现代化建设增添了新的活力，也深深体会到军民融合式发展在后勤保障领域的广阔前景，更加坚定了我们继续走、大胆走的信心。在“摸着石头过河”的过程中，通过深入研究，努力探索，得到了很多有益启示。

一是树立“融合”理念，系紧和谐发展的纽带。以人为本、和谐共荣是军地双方共同建设发展的主旋律。首先要强化全局意识，树立军民结合、寓军于民的大发展观，善于与地方政府统一思想，站在全局建设的高度，促进环保绿化工作的发展与驻地发展相适应，与周围环境相协调。其次要强化开放意识，树立军民一体、“不求所有、但求所用”的保障理念，善于营造“你我共管”的浓厚氛围，充分调动地方参与部队环保绿化建设的积极性。最后要强化共赢意识，善于同群众利益保持一致，主动考虑双方利益的交叉点、结合点，最大限度地支援地方建设，实现合作共赢。

二是健全“融合”机制，构建顺畅高效的体系。深入推进环保绿化军民融合式发展，需要在军队后勤军民融合式发展的大体系、大背景下，搞好工作研究，探索有效举措，构建共同发展的体系。当前，应重点做好以下三个方面的工作：首先，要按照社会主义生态文明建设的总体要求，建立健全纳入地方生态环境保护政策的法律法规体系，为环保绿化工作军民融合式发展提供制度保证。其次，要充分发挥省军区系统的军地桥梁纽带作用，按照大环境、大生态的观念，立足建立融合式领导机构，构建联合指挥机制、综合协调机制、共同监管机制，为环保绿化工作军民融合式发展提供组织保证。最后，要创建快速顺畅的信息交换平台，在数据共享、环境监测、信息发布、应急处置、技术交流等方面发挥军地各自的特点和优势，为环保绿化工作军民融合式发展提供技术保证。

三是拓宽“融合”路子，丰富民为军用的渠道。做好新时期军队环保绿化工作，要善于学习、集思广益，与时俱进、开拓创新。首先，要拓宽环保绿化人才培养的路子。从部队营房干部情况看，环保绿化专业人才缺乏，工作经验不足，需要走开社会化培养的路子。依托地方环保部门、专业院校和培训机构，通过考察学习、短期培训、资格考评等手段，探索建立军地联合培训、演练等交流活动的工作机制，提高部队环保绿化工作队伍业务水平。其次，要拓宽环保绿化技术保障的路子。从部队环保绿化发展现状看，尚存在理念落后、技术单一、管理水平较低等问题。要充分发挥地方科研、技术、人才优势，注重引进新技术、新材料，加快技术成果转化，做到民为军用。最后，要拓宽环保绿化动力来源的路子。从当前生态环境发展趋势看，我国正处于向构建绿色生态型国家转型的重要历史机遇期。要紧紧抓住国家和地方重大生态环境保护项目建设的有利契机，乘势而上，引入社会资金和专业力量参与部队生态建设，推动部队环保绿化运行管理向社会化和专业化转变。

军民融合是新形势下密切军民关系，是提高军队生态环境效益有力的增长点，是推进环保绿化工作又好又快发展的重要途径。走好环保绿化军民融合式发展之路，既可克服军队经费不足、力量有限的矛盾，又可为地方生态环境建设做出贡献，是一项双赢的工作。

（八）军民携手护太湖，建设美好新家园

无锡被誉为“太湖明珠”，太湖是无锡军民的“母亲湖”。长期以来，随着苏南地区工业化、城市化进程不断加快，太湖生态环境受到很大影响，引发了蓝藻大面积暴发，在国际国内引起较大影响，保护太湖，刻不容缓。为贯彻落实国家领导人“让太湖这颗江南明珠重现碧波美景，让江河湖泊休养生息，再现生机”的重要指示，某军分区把保护太湖作为深入学习实践科学发展观、构建和谐社会的大事来抓，积极响应无锡市委、市政府号召，组织协调驻地部队和民兵预备役人员广泛开展“军民携手护太湖、建设美好新家园”主题活动，大力开展营区治污增绿，努力走出一条政府主导、军队带动、社会支持、共建共管、一体联动的生态环境建设军民融合的路子。经过三年奋战，太湖面貌焕然一新，重现了碧波美景，恢复了山清水秀的自然风貌，无锡这颗“太湖明珠”更加绚丽多彩。同时，按照建设现代营房的要求，环太湖部队营区面貌焕然一新，实现跨越式发展。总结融合发展实践经验，可以概括为四项成果、四点做法、三个启示。

四项成果：

一是有效控制了排污源头。某军分区会同政府有关部门，先后动员民兵私营业主，主动关停沿湖小化工、小作坊 253 家；出动民兵上万人次，参与封堵沿湖排污口 207 个，铺设截污管网 1 687 km，改造污水处理厂 56 座，治理污染源 244 个。协调政府出资上千万元，铺设和改造部队营区排污管线 43 km，营区污水全部得到有效治理或接入市政管网。

二是修复优化了环湖生态。在太湖生态环境建设上，某军分区协调出动驻军官兵和民兵预备役人员上万人次，植树十几万株，绿化上千亩，清除垃圾上万吨，护理沿湖绿化坡坝 15 km，建设环湖湿地 1 万余亩，沿湖几个部队将 200 余亩菜地改建为观赏绿化带，太湖沿岸 142 km 全部建成了生态绿地，太湖生态环境得到了修复和优化，在部队营区生态环境建设上，某军分区协调地方政府投资上千万元，支持部队苗木上万余株，新建绿地上千亩，增加园林式凉亭、石桥、假山等景点 200 余个，一座座美丽的现代军营，点缀在太湖沿岸，掩映着“太湖佳绝处”。

三是持续改善了太湖水质。太湖蓝藻大面积暴发后，某军分区及时邀请蓝藻研究专家为官兵开办蓝藻知识讲座。迅速协调驻锡部队派出官兵上千余人次，出动民兵上万人次，打捞蓝藻 6 000 多船、3 万余吨。近年来，某军分区还组织协调部队和民兵预备役人员参与清理河道 15.2 km，清运淤泥 1.6 万 t，促进了太湖水质的持续改善，基本达到了饮用水水源地水质标准。

四是充分展示了部队形象。“军民携手护太湖，建设美好新家园”活动，不仅体现了军队生态环境建设融合发展的新思路、新举措，而且展示了部队官兵服务人民、英勇善战、促进和谐的精神风貌，也受到无锡市委、市政府和人民群众的高度称赞，得到总部机关和军区领导的充分肯定。国家、军队和省市 31 家媒体进行了全方位宣传报道，在社会上引起了强烈反响，塑造了人民军队的良好形象。

四点做法：

一是坚持政府主导，深入宣传发动。“军民携手护太湖，建设美好新家园”活动，任务艰巨、关系复杂，参与单位多、涉及部门广、组织协调难。为了确保这项活动有力、有序、有效开展，某军分区建立了地方政府主导、军分区综合协调、社会各方积极参与支持的组织领导体系，成立了由市委书记和市长任组长，常务副市长和军分区司令员、政委任副组长的领导小组，对这项活动实施一体化领导，各级也都成立了相应的组织。某军分区和市委、市政府联合下发了实施意见，把部队生态环境建设纳入太湖治理总体规划，形成了以当地政府投资为主、部队组织建设与管理使用的融合模式，大大提高了营区生态环境建设能力。同时，按照市领导小组统一部署，某军分区充分发挥协调作用，深入进行思想发动，牵头组织部队官兵和民兵预备役人员广泛开展了“打造山水名城，我们怎么办”等大讨论，叫响“保护太湖，人人有责”“保护母亲湖，共建新家园”等口号，极大地提升了官兵和民兵预备役人员自觉保护太湖的使命感、责任感。某军分区在某师举行了主题活动推进会，800 多军民冒雨观摩了某师机关营区排污接管现场，共同参与了植树绿化，起到了营造氛围、造势推动的促进作用。

二是注重调查研究，加强科学筹划。驻地部队军兵种多，类型各异、情况有别，为确保质量，某军分区深入调研，加强指导。首先是摸清污染源治理底数。某军分区组织军地力量深入每个营区调查摸底，重点对排污管网走向分布、污染源的种类数量、营区绿化现状进行勘察测算，切实掌握了部队的训练、生活、医疗、生产等各类污染源情况。其次是制订截污增绿方案。某军分区联合地方市政、园林、环保和部队营房等部门，结合实际为每个营区量身定制了“截污增绿”方案，精心组织施工力量，明确细化项目任务、建设目标和工程进度。最后是发挥样板酵母作用。在某师召开生态建设现场会，抓示范、树样板、立标准。某军分区带头搞好雨污分流和营院增绿，率先接管 1 570 m，绿化 120 亩，植树 18 400 余株。其他部队不等不靠，按期全部完成营院增绿和截污纳管工程任务。

三是军民结对共建，实现优势互补。某军分区充分借鉴军民共建经验，与市委、市政府联合下发了《关于开展军地携手保护太湖结对共建活动的通知》，积极协调地方有关部门与驻锡部队进行结对挂钩，结成了 30 个共建对子，将地方财力、物力、技术与部队人力、机械等方面优势有机结合，落实建设经费上千万元。军分区 6 名常委都定点挂钩到军地各个单位，及时解决矛盾问题。通过结对共建，军地信息互通，优势互补，有机融合。市规划部门在设计环太湖生态建设方案时，主动将军区某师、武警某师营区的管网设置、景观绿化融入方案。市园林水利部门组织环太湖生态湿地建设时，军分区及时组织部队紧急出动兵力上千人，机械车辆上百台次，连续奋战 10 多天，确保按时完成工程建设。

四是健全工作机制，抓好跟踪管理。为确保活动取得扎实成效，某军分区注重制度建设，抓好跟踪问效。首先是建立综合协调机制。某军分区与市环保、园林、水利等部门建立了重大问题协调会商制度，定期召开联席会议，及时互通情况，解决军地生态环境建设中存在的问题。2009 年 5 月，滨湖区胡埭镇化工厂发生原材料泄漏，造成太湖支流污染，情况紧急。某军分区及时向附近武警某师和市消防支队通报险情，两个单位派出防化分队第一时间赶到现场，有效控制了污染扩散和次生灾害。其次是建立服务保障机制。某军分区协调军地相关部门组成技术服务小组，设立服务热线，积极做好技术指导和跟踪服务。协调环保部门定期对部队营区污水排放进行检测，聘请农林部门对营区树木花草进行除虫防病技术指导，邀请专家到部队开办培训班，先后培养 200 余名专业技术人才，促进了部队环保绿化工作的良性循环。最后是建立考评奖惩机制。坚持军地每半年共同组织一次生态环境建设情况检查，年终组织绩效考评，实施必要的奖惩。无锡市委、市政府先后对生态环境建设工作突出的军区某师、第 1 集团军某团等单位给予表扬奖励；对工作落实不到位的单位予以通报，充分发挥了激励作用，有力地促进了军地生态环境建设健康发展。

三个启示：

一是抓住重点区域发展机遇，主动融合。太湖流域是国家生态建设的重点区域，在制订太湖治理规划之初，某军分区就摒弃“等、靠、要”思想，转变自成体系、自我保障的传统观念，提前介入，主动汇报，多次协调，确保环太湖驻军生态环境建设及时纳入地方政府区域治理规划，形成良好的融合局面。某军分区感到，随着国家经济社会的不断发展，特别是生态文明建设的展开，将会给军队不断提供生态环境建设融合发展机遇，一定要认清形势、把握机遇、用好机遇，努力实现思想观念融合、制度机制融合、规划计划融合。

二是发挥军分区牵头作用，带动融合。在太湖生态环境整治中，军分区首先要面对驻地党委和政府各个部门，其次要面对环太湖各个驻军单位，他们属于陆海空部队和四总部一些直属单位。在这种复杂的隶属关系中，军分区注重理顺关系，摆正位置，主要发挥了“四个作用”：①在政府主导下充分发挥了综合协调作用；②在军地之间充分发挥了桥梁作用；③在驻地部队中充分发挥了纽带作用；④在生态环境建设中充分发挥了带头作用。军分区既是当地政府的军事部门，又是当地驻军的政府部门，这种双重性，是军队其他部队无法具有的，也是地方政府各个部门无法具有的。这种双重性赋予了军分区军民融合、促进军队生态环境建设科学发展的独特优势，只有深刻认识这一优势，高度重视这一优势，充分发挥这一优势，才能有力地推动生态环境建设融合发展。

三是着眼建设现代营房，深化融合。太湖生态环境治理活动，给建设现代营房赋予了新的内容，既提出了紧迫的要求，又提供了良好的发展机遇。在某军分区的综合协调下，环太湖部队按照军委、总部和地方政府的双重要求，借助融合的大好时机，依靠军队自身的努力，积极争得地方政府的领导支持、经费支持、技术支持和政策支持，使部队营区既体现了军营文化特色，又体现了地域文化特色，有力地推进了建设现代营房的步伐。这一实践充分表明，生态环境建设军民融合，既是建设现代营房获得动力和资源的重要途径，又是建设现代营房的重要保障。只要不断地深化这种融合，就能大力促进部队建设现代营房又好又快的发展。

（九）建立健全军地融合体制机制，实现军地融合式发展路子

某军区在军委总部的关心支持和大力帮助下，按照总部的总体部署，解放思想，转变观念，坚持把环保绿化工作与建设现代营房、促进营区生态建设相结合，与地方经济社会发展相结合，注重军地沟通协调，加强研究探索，在军民融合式发展方面做了大量工作，为提高部队战斗力做出了贡献。

1．经验做法和启示体会

一是大力开展军地联合执法检查，部队环保工作日趋规范。部队的环保监督历来是难点，主要是军队执法力量不足，驻地执法部门难以监管。例行监督监测是军区环保部门始终坚持的通行做法，对抓好部队环保工作起到了有效的推动作用，但其弊端是无力全面有效约束和跟踪问效。长此以往，形成单位领导环保意识强、抓得紧，环保工作就搞得好，反之就抓不好的局面。对此，要研究探索出既符合实际又管用的方法，解决执法难题。上级部门曾尝试过与单位领导签订责任状、突击检查、重点督办等多种方法，都难以产生长期的效果。2005 年，某军区首先在污染较重的市区尝试，主动邀请地方环保职能部门及环境监察、监测等执法部门召开联席会议，就军地联合执法问题进行了热烈讨论和深入探讨，地方执法部门对联合执法表现出了很高的参与热情。此后每年由军地双方组成联合工作组，重点对污染排放量大、污染治理不力的单位进行督导检查，并通报检查结果。这样，不但增强了部队的环保意识，促

使部队及时解决污染问题，而且缓解了部队环境监测力量不足的矛盾，同时也得到了地方环保部门的赞誉和人力、技术、财力的支持，可谓一举多赢。

二是积极推进军地环保机构联网，急难险重任务共担。某军区环境监测中心站是西北地区唯一一家与地方环测站初步实现联网的军队监测机构，已开展了军地项目合作、联合攻关、信息共享等交流活动。某军区采取军地共同参与、联合监测的方式完成了军区某电子对抗团、某师装甲团环境现状评价，还委托地方监测机构对多个营区进行环境监测治理，取得了良好效果。地方环境监测部门也邀请部队监测部门承担地方热电厂环境影响评价工作等项目监测任务。军地环保难题需要军地共同努力，合力解决。近年来，某军区通过积极协调地方政府，联合技术攻关，研究措施办法，投入大量经费，先后解决了某医疗所医疗污水排放纠纷、水泥厂对某电子对抗团烟尘和噪声污染等一系列污染难题，极大地改善了驻地的生态环境，有效地保护了官兵的身心健康。某军区援建玉树的“两校一院”项目环境影响评价工作，在人员少、时间紧、任务重、标准高的情况下，除现地监测收集的资料外，其余数据资料均通过地方环保、水文、气象、地质等多个部门收集，不但节约了各种资源，而且如期完成了任务。这些融合，始终能使我们处于环保战线的最前沿，更重要的是能在融合中锻炼队伍，对提升环境管理水平起到了重要作用。

三是主动协调军地合作开展绿化造林活动，取得明显成效。某军区所在地域土地贫瘠，干旱少雨，环境恶劣，生态脆弱，植树造林任务不但十分繁重，而且非常艰难。军区各级充分发挥自身优势，不等不靠，主动作为，攻坚克难，积极支持地方生态建设。每年军区下发通知要求各级大力开展春季绿化造林活动，军区首长参加地方省党政军义务植树，各级参与“3·12”植树节宣传活动，军地合力营造植树造林的浓厚氛围，共同掀起春季植树的高潮。各级部队充分抓住短暂的春季，在绿化美化营区的同时，主动与地方政府协调，组织开展“将军林”“共建林”“友谊林”和“双拥林”等义务植树活动，既为驻地增绿添彩，又融洽了军政军民关系。军区还坚持“地方所需、群众所盼、部队所能”的原则，参加和支援西部大开发，其中保护生态环境的绿化工程是援建的“五大重点工程”之一。大砂沟绿化基地是军区党委、首长响应党中央“再造一个山川秀美的西北地区”的伟大号召，支援地方经济建设、生态环境建设和保护母亲河行动的重点工程项目，采取军区出人、出力、出机械，地方政府给予资金、树苗和技术支持的方式，经过 10 年艰苦卓绝的努力，8 300 亩绿化地有近 7 000 亩安装了上水管道及喷灌设施，已累计植树 1 200 多万株，成活率达 86%以上，走出了一条独特的融合式绿化道路，取得了显著的生态效益和社会效益。

对于军区在环境建设上取得的成绩有如下几点体会：一是环保绿化军民融合式发展，关系到国家环境保护和生态建设的大局，关系到广大官兵的身心健康，关系到部队战斗力、保障力生成，要融合好、发展好，必须坚决贯彻落实军委总部的决策部署。二是环保绿化融合式发展，体现了科学发展观的内在要求，是时代赋予军队的一项重要历史使命，要融合好、发展好，必须解放思想，转变观念，牢固树立服务思想和奉献意识。三是环保绿化融合式发展需要军地协作、共同努力，要融合好、发展好，必须主动协调地方政府，大力开展人才、技术、信息等交流活动，积极寻求支持和帮助。四是环保绿化融合式发展涉及军地双方各自的利益，要融合好、发展好，必须充分利用贯彻落实统筹经济建设和国防建设规划的契机，研究探索互利双赢的发展路子。

2．把环保绿化军民融合发展作为建设现代营房的重要支撑，认真抓好环保绿化军民融合工作

环境指标是《军队现代营房建设管理评估标准》中五大指标之一。抓好环境保护和生态文明建设是确保环境达标的前提条件。环保绿化军民兼容性强，有条件、有基础，前景广阔，走融合式发展路子是必然选择，也是建设现代营房的具体举措。

一是加强理论研究。环保绿化融合式发展意义重大，内涵丰富，需要学习领会和深刻理解。在推进现代营房建设过程中，把环保绿化融合式发展作为重要内容进行研究，采取会议讨论、经验交流等方式深入研究融合发展的重大理论和现实问题，充分发挥理论创新先导作用，不断用新的认识指导新的实践。

二是丰富融合内容。借助社会力量，整合资源优势，军地合力加强环境保护和生态建设，是环保绿化科学发展的重要内容。在巩固发展好

现有融合内容的基础上，发挥主观能动性，积极主动与驻地政府有关部门进行信息交流和工作协调，健全组织机构，在军地相关设施统筹建设和人才、技术、管理、资金等资源共享方面拓展深化。

三是破解融合矛盾。环保绿化军民融合工作目前还处于起步阶段，推动过程中会面临融合理念不够解放、融合机制尚未建立、融合方式单一等现实矛盾和困难。对此，要转变思想观念，积极倡导生态文化新理念，把推进建设现代营房与建设生态文明统一起来，强化广大官兵的生态文明意识。坚持依靠科技进步，大力推广运用先进适用的军内外环境科技成果、环保设施及技术产品，加大军地联合科研攻关和训练演练力度，拓宽专业人才培养渠道，逐步向多样化、深层次的融合推进。

四是搞好总结探索。在总部的积极协调下，军区三荒造林、区域治理和达标减排已纳入国家规划同步进行，取得了明显成效，积累了宝贵经验。要充分借鉴，积极探索适合本单位融合式发展的新思路、新办法、新举措，科学指导和推进环保绿化军民融合式发展，努力走出一条投入少、质量好、效益高的环保绿化发展路子。

3．认真贯彻落实上级精神，扎实推进军民融合发展之路

一是认真组织学习，充分认识环保绿化军民融合式发展的重大意义。各级组织在军民融合的问题上要加大宣传教育力度，切实树立大生态理念，充分认清融合发展的重大意义，学习借鉴发达国家的新理念、新经验、新成果，为实现军队环境保护与生态建设融合发展奠定坚实的思想基础和良好的舆论氛围。

二是搞好统筹协调，多法并举推动环保绿化融合高效发展。首先是坚持统筹协调全区环保绿化融合工作，充分发挥省军区桥梁纽带作用，主动联系驻地政府协调融合事宜，积极争取政策、资金、人力等支持。其次是利用基础设施简报，刊登各单位环保绿化融合工作的经验做法，并将环保绿化融合发展作为军区营房工作会议的重要内容，交流经验成果，表彰先进典型，研究探索规律，不断提高融合的质量效益。

三是加强组织领导，把环保绿化军民融合发展作为部队建设发展的长期任务。只有站在国家安全和发展战略全局的高度，才能把环境保护和生态建设工作作为推动可持续发展的根本性、基础性、长期性的任务来抓。要把推进融合工作列入党委议事日程，纳入领导干部政绩考核内

容，主动协调建立健全军地融合体制机制，定期召开会议，明确目标任务，强化保障措施，研究解决问题。

（十）军民融合的启示体会

通过积极开展环境保护军民融合式发展实践，有力提升了部队的环境质量效益，让部队受益匪浅，同时有很多有益的经验值得总结。

一是要以“民为军用”为首要目标，这是环保绿化军民融合式发展的根本出发点。随着经济社会的发展和国家对生态环境建设投入的加大，环保绿化社会市场资源已颇具规模，要善于通过社会化保障途径，利用集约化的社会专业力量，降低工作成本，提高保障效益。

二是要融入驻地环境谋发展。部队的生态环境建设必须与当地环境风貌相协调，这离不开驻地政府的大力支持，必须与政府部门加强沟通，统筹协调，做到融入地方环境、借景地方环境、共同发展地方环境。

三是要实现军地共赢。相比其他后勤业务，环保绿化可社会化程度极高，市场经济条件下环保绿化军民融合式发展，必须兼顾军地双方的利益，无偿共建只能一时进步，互惠互利才是长效动力。